"**60**岁开始读"

科普教育丛书

# 身边的微生物

上海市学习型社会建设与终身教育促进委员会办公室 \ 指导

上海科普教育促进中心 \ 组编

胡付品 张嵘 汪洋 编著

上海科学技术出版社

上海教育出版社

上海交通大学出版社

复旦大学出版社

**图书在版编目（CIP）数据**

身边的微生物 / 上海科普教育促进中心组编 ；胡付品，张嵘，汪洋编著. -- 上海 ：上海科学技术出版社 ：上海教育出版社，2022.11
（"60岁开始读"科普教育丛书）
本书与"上海交通大学出版社"、"复旦大学出版社"合作出版
ISBN 978-7-5478-5880-6

Ⅰ. ①身… Ⅱ. ①上… ②胡… ③张… ④汪… Ⅲ. ①微生物－普及读物 Ⅳ. ①Q939-49

中国版本图书馆CIP数据核字(2022)第171543号

**身边的微生物**

（"60岁开始读"科普教育丛书）
上海科普教育促进中心　组编
胡付品　张　嵘　汪　洋　编著

上海世纪出版（集团）有限公司
上海 科 学 技 术 出 版 社　出版、发行
（上海市闵行区号景路 159 弄 A 座 9F-10F）
邮政编码 201101　　www.sstp.cn
上海盛通时代印刷有限公司印刷
开本 889×1194　1/32　印张 5.5
字数 60 千字
2022 年 11 月第 1 版　2022 年 11 月第 1 次印刷
ISBN 978-7-5478-5880-6/Q・74
定价：20.00 元

# 内容提要

　　本书通过 4 部分 42 个问答，简要地向广大老年朋友们介绍日常生活中会遇到的相关微生物知识，以做到趋利避害，保健延寿。

　　书中在介绍微生物大家族及其在生活中广泛应用的基础上，扼要介绍了老年人身边常见的有益微生物及其保健延寿效用，还对有害健康的病原微生物及其所能导致的病症和危害的防治情况做了介绍。这些微生物知识可供广大老年朋友们在日常生活中参考应用。

　　三位作者多年从事微生物的分离、培养、鉴定及药物敏感性的相关研究，积累了丰富的经验，是该领域的权威专家。

# 编 委 会

## "60岁开始读"科普教育丛书

# 总序

　　党的二十大报告中指出：推进教育数字化，建设全民终身学习的学习型社会、学习型大国。为全面贯彻落实党的二十大精神与《全民科学素质行动计划纲要实施方案（2021—2035 年）》具体要求，上海市终身教育工作以习近平新时代中国特色社会主义思想为指导、以人民利益为中心、以"构建服务全民终身学习的教育体系"为发展纲要，稳步推进"五位一体"与"四个全面"总体布局。在具体实施过程中，围绕全民教育的公益性、普惠性、便捷性，充分调动社会各类资源参与全民素质教育工作，进一步实现习近平总书记提出的"学有所成、学有所为、学有所乐"指导方针，引导民众在知识的海洋里尽情踏浪追梦，切实增强全民的责任感、荣誉感、幸福感与获得感。

随着我国人口老龄化态势的加速，如何进一步提高中老年市民的科学文化素养，尤其是如何通过学习科普知识提升老年朋友的生活质量，把科普教育作为提高城市文明程度、促进人的终身发展的方式已成为广大老年教育工作者和科普教育工作者共同关注的课题。为此，上海市学习型社会建设与终身教育促进委员会办公室持续组织开展了富有特色的老年科普教育活动，并由此产生了上海科普教育促进中心组织编写的"60 岁开始读"科普教育丛书。

"60 岁开始读"科普教育丛书，是一套适宜普通市民，尤其是老年朋友阅读的科普书籍，着眼于提高老年朋友的科学素养与健康文明的生活意识和水平。本辑丛书为第九辑，共 5 册，分别为《身边的微生物》《博物馆雅趣：漫步缪斯殿堂》《生活中的编织新技艺》《养老知识详解》《新时代，新医保》，内容包括与老年朋友日常生活息息相关的科学资讯、健康指导等。

这套丛书通俗易懂、操作性强，能够让广大中老年朋友在最短的时间掌握原理并付诸应用。我们期盼本书不仅能够帮助广大老年读者朋友跟上时代步伐、了解科技生活，更自主、更独立地成为信息时代的"科技达人"，也能够帮助老年朋友树立终身学习观，通过学习拓展生命的广度、厚度与深度，为时代发展与社会进步，更为深入开展全民学习、终身学习，促进学习型社会建设贡献自己的一份力量。

# 前言

自 2019 年底至今，新冠肺炎疫情绵延不绝。一个小小的病毒搅得整个世界不安。由此我们可以知道，病毒作为自然界微生物的一种，虽然肉眼看不到，摸不着，却可以搅动全世界的正常生活。生物学家告诉我们，除了病毒以外，微生物还包括细菌、真菌以及一些小型的原生生物、显微藻类等在内的一大类生物群体。它们大多虽个体微小，却涵盖了有益和有害的众多种类，广泛涉及食品、医药、工农业、环保等诸多领域，与人类关系密切。那么，我们身边究竟有哪些微生物？老年朋友们在生活中应该怎样看待微生物，怎样趋利避害利用微生物为生活服务呢？

在从事微生物鉴定诊断工作的过程中，我们会不时地遇到老年朋友问及上述话题。

恰逢上海科学技术出版社编辑来约稿新一辑"60 岁开始读"科普教育丛书中的《身边的微生物》一书，正逢其时，遂一拍即合，迅速确定了编写框架和样稿，作了分工。4 部分 42 个小标题近 6 万字的书稿就这样编写完成了。

这本小书，先是向老年朋友们介绍了微生物的一些基础知识，重点详述了老年人身边常见的有益健康的微生物及其应用情况，还对老年人身边常见的有害健康的病原微生物和其引起的病症以及如何防治作了详细介绍，可供广大老年朋友们在日常生活中参考应用。

本书的编写完成，要感谢上海科普教育促进中心和上海科学技术出版社的组织与策划，最后选择并出版这么有益的科普书。希望这本小书能被老年朋友们喜欢，为老年朋友们的健康长寿添砖加瓦！

因时间较紧，书中难免有欠妥当之处，欢迎广大读者朋友们不吝批评指正，以便再版时修改。

胡付品　张　嵘　汪　洋
2022 年 7 月

# 目录

1

**认识有益微生物**

**警惕病原微生物**

**身边的微生物**

"60岁开始读"科普教育丛书

一

# 微生物大家族

# 什么是微生物

## 生活实例

小区的"大喇叭"王大妈昨天吃隔夜饭菜闹肚子了。"哎哟喂，真是疼死我啦！"王大妈捂着肚子大声吆喝着，家人赶紧将她送到医院急诊科就医。

"王大妈，您这是怎么了？"急诊科梁大夫急匆匆地赶过来问道。"可别提了，我看着昨晚剩的半盘红烧肉，感觉倒了实在可惜，早上就着粥吃了个早饭。这不，下午就开始上吐下泻了。"王大妈面红耳赤地说，因为这是王大妈这个月以来的第二回了。

"趁着您儿子在，这次我要跟您再唠叨一遍啦。隔夜饭菜特别容易滋生细菌等微生物，像您这样脾胃虚弱的老年人，千万不能再吃啦！"梁大夫当着王大妈儿子小王的面又给王大妈强调了一遍。

"细菌我倒是能听明白，那啥是微生物啊？我看那饭菜啥的都挺干净的嘛！也没有看到你说的啥微生物，您能给我详细说说不？"

微生物就是存在于自然界当中的一群个体微小、结构简单、大多数肉眼不能直接观察到的微小生物的总称。多数需要借助光学显微镜或电子显微镜放大数百、数千甚至数万倍才能观察到呢！

## 微生物是啥

梁大夫说:"王大妈,微生物就是存在于自然界当中的一群个体微小、结构简单、大多数肉眼不能直接观察到的微小生物的总称。微生物呢,多数需要借助光学显微镜或电子显微镜放大数百、数千甚至数万倍才能观察到呢! 所以多数情况下您用肉眼是没法分辨食物里是不是有微生物的。"

实际上,微生物除了具有一般生物新陈代谢、生长繁殖和遗传变异等生命活动的共性外,还有其自身的特点。比如,它们大多以独立生活的单细胞或细胞群体的形式存在,可自行进行全部生命活动过程,新陈代谢能力旺盛,生长繁殖速度快,种类多,分类广,数量大。

## 微生物分类

"梁大夫,照您这么说,那微生物还挺特别,大多看不见,摸不着,无处不在啊!"王大妈经过对症治疗后,精神状态好了不少。王大妈的儿子小王看到母亲好了点之后也松了口气,问道:"大夫,微生物一般都有哪些种类呢? 了解后我们也好做个预防啥的。"

梁大夫说:"好的,我来简单介绍一下哦。根据有无细胞基本结构、分化程度和化学组成等不同，微生物可大致分为三种类型，分别为原核细胞型、真核细胞型和非细胞型微生物（具体介绍请参看下一条）。像王大妈今天的情况，就属于原核细胞型微生物中的细菌感染。真核细胞型微生物主要是一些肉眼能看到的真菌和公园池塘里的藻类等，目前正在流行的新型冠状肺炎病毒则属于非细胞型微生物——病毒。"

　　王大妈撇撇嘴，连忙说道："原来生活中有这么多的微生物存在呀，看来要保证身体健康还需得从生活的方方面面注意起来呢。谢谢您！梁大夫！"

　　微生物在大自然当中无处不在。我们每一个人都要讲卫生、要勤洗手、起居室多通风、注意食品安全，避免微生物感染。

　　只有全面了解微生物，我们才能更好地驾驭微生物，趋利避害，让微生物更好地为人类服务。

# 除了细菌、真菌、藻类和病毒，还有哪些微生物

## 生活实例

夏天到了，外出游玩的较佳季节也到来了。居委会退休干部齐大妈在女儿笑笑的安排下一起参加了夕阳红旅行团的 5 日游活动。在食用了当地特产菌类后，齐大妈就感觉头晕目眩、恶心呕吐，甚至还有出现幻觉的症状。

"笑笑，你怎么放《西游记》啊！这集刚刚看过了，换一集。"齐大妈指着宾馆房间空白的墙面说。

笑笑这才意识到齐大妈的症状有些严重，当即拨打了当地的急救电话将齐大妈送往了就近的医院。

经过一系列检查，医生判断齐大妈是由于食用了

某种有毒的野生菌而导致的急性食物中毒。好在经过一段时间的住院治疗，齐大妈的病情有了明显好转。

前文已经说过，微生物可以分为三大类，分别是原核细胞型、真核细胞型以及非细胞型微生物。

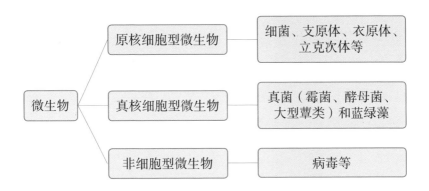

原核细胞型微生物只有原始的核物质，没有膜界定的细胞核，也没有传统意义上的核仁，其遗传物质为环状双螺旋 DNA。我们日常生活中经常遇到的细菌就属于原核细胞型微生物。除此之外，还存在一些结构和成分与细菌相似的支原体和衣原体，以及立克次体。

真核细胞型微生物的细胞核分化程度高，有核膜和核仁。它们通过有丝分裂进行繁殖，胞浆内有多种完整的细胞器，属于这种类型的微生物有真菌（霉菌、酵母菌、大型蕈类）和属原核藻类的蓝绿藻。酵母也是我们生活中常见的微生物，在蒸包子或酿酒时都离不开它。而霉菌大多在过期或者受潮的食品上可以看到。野生菌就属于蕈类，如香菇、灵芝、木耳等。但属于微生物的藻类很有限，只有原核藻类蓝绿藻属于微生物，而一些真核藻类，小到只有数微米级的单细胞鞭毛藻、硅藻，大到长达数米到数十米的大型褐藻，如海带、巨藻，则属于植物界。

非细胞型微生物是一类结构最简单的微生物。它们没有细胞结构，由单一核酸（DNA 或 RNA）和（或）蛋白质组成。这种类型微生物没有产生能量的酶系统，只能在活细胞内生长增殖。病毒就属于此类微生物。

比起病毒和细菌，真菌可以算是微生物中的"巨人族"了！很多都能够通过肉眼观察到，如雨后森林中出现的蘑菇，放久的苹果上有一层黑黑的绒毛一样的东西，这些都是真菌。由此可见，真菌喜欢温暖、潮湿、通风不良的环境。

# 夏天鸡蛋不冷藏为什么很快就臭了

## 生活实例

"老王啊，咱家这个鸡蛋为啥最近臭得这么快呀？还有，那包子让你吃你不吃，看看上面起霉了吧。"刘阿姨拿着刚从厨房里拿出的一些过期腐败准备丢弃的食材。"这你还不懂吗！最近天气又热又潮的，最容易滋生霉菌了，必须扔掉，坚决不能吃哦！"老伴王大爷赶紧说道。

"那按照你的看法，食物有臭味、长霉，都是滋生微生物了吗？"刘阿姨看着老伴王大爷这么自信满满，也不禁刨根问底起来。

这可让一向热衷于读一些科普文章的王大爷来了兴致："老伴啊，虽然多数情况下我们很难察觉到微生物的存在，但只要我们留心观察，就会发现有的微生物不仅能看得到、闻得到，还能被我们触摸到。"

"比如你爱喝的银耳莲子汤，其中的银耳就是大自然当中一种叫作担子菌的微生物在温暖、潮湿、背光的树木上不断生长分化，最终变成我们能看到，也能摸得到的银耳。还有我爱吃的霉豆腐，就是将新鲜的豆腐与一种叫作毛霉菌的微生物在温暖湿润的环境中通过一段时间发酵后制作而成。在豆腐的表面结出的这种白白的菌丝对人体非常有益，这样制作出来的豆制品，不仅口味独特，营养价值也是极其丰富。"

"不光光是大自然，我们人体本身也是微生物聚集的大容器。在日常生活中的饮食摄取时，我们的口腔就是细菌生活的场所，比如变异链球菌和牙龈卟啉单胞菌，它们就特别爱藏在牙齿与牙龈之间的缝隙中。这些细菌通过我们进食时残留的一些食物残渣获得营养，它们不仅会让我们产生黑黑的蛀牙，而且还可能会对心脏、大脑和免疫系统产生影响。这就是我们一定要在吃完东西后漱口或者刷牙以清洁口腔的原因。"

"人在进食之后，食物在胃肠道内分解并通过体内成千上万帮助消化的有益微生物将对我们人体有利的成分吸收过后，把剩余的成分分解代谢并排出体外。我跟你说了这么多，现在我也考一考你，看看你能不能也举一些生活中能观察到的微生物的例子来呀？"

王大爷问道。

"哦，我知道了，那是不是我们平时吃的木耳、香菇，还有梅雨季节家里墙面上总是会出现看起来脏兮兮的一股霉味的霉斑，这些都是我们看得见、摸得着、还能闻得到的微生物！"王大妈也胸有成竹地说道。

"对啦！微生物虽小，却有着许许多多的形态和本领。来来来，看看这本书。"王大爷边说边拿起了一本微生物百科全书的图册。

我们往往容易忽视生活中一些"特别"的微生物。只要稍加留心，我们就不难发现它们其实以各种形式存在于我们的身边。

一片落叶，就是真菌生长的膏腴之壤；一滴废水，就是细菌云集的蜜罐温床。

# 微生物在地球上存在多久了

## 生活实例

　　小区里正在做核酸采样，赵大爷笑着同核酸采样员小彩虹说道："这没有核酸证明啊，买菜、跳广场舞什么的，都干不了，所以我们可不能被出现区区几年的病毒给打败了！""哦，这病毒可不是刚刚出现在我们生活里的'愣头青'，而是属于历史悠久的微生物中的一员。"小彩虹边说着边准备着核酸采集证明。"小彩虹懂得还真不少哩，趁着排队，你也给叔叔阿姨们普及普及你说的这微生物的历史吧。"平时就爱读书看报的李大爷也饶有兴致地说道。

　　1982年科学家在澳大利亚西部岩层中发现了来自35.4亿年前的已灭绝细菌和其他微生物，这说明早在35亿年前地球上就已经有微生物存在了。只不过我们人类与微生物可谓是"相识甚晚"。

在漫长的历史长河中，大约在 8 000 年前，智慧的华夏人民虽然无法看见或描述，却惊喜地发现有这样一种能够酿酒、发面、制浆、沃肥和治病的生物，此时我们对微生物的认识还处在朦胧时期。

时间来到了 17 世纪 80 年代，荷兰学者列文虎克用他自制的能够放大 160 倍的显微镜观察牙垢和雨水时，发现了许多在动的"活的小动物"，并发表了这一"自然界的秘密"。这是人类历史上首次对微生物个体和形态的观察和记载。这一阶段，由于许多学者对微生物群体的形态学知识的扩充，也充分拓宽了人类对微生物形态学观察的视野，该阶段被称为微生物的形态描述期。

到 19 世纪下半叶，法国的巴斯德和德国的科赫等一批杰出的科学家建立了一套独特的微生物研究方法，同时还建立起许多微生物学分支学科，为当时以及现在的医疗卫生行业做出了巨大的贡献。我们平时喝的牛奶就是采用巴斯德创建的杀灭微生物的方法（巴氏消毒法）进行消毒的。科赫通过研究寻找并确证了炭疽、霍乱等一系列严重传染病的病原体。还有俄国的伊万诺夫斯基首次发现了烟草花叶病毒。

这些成果不仅奠基了微生物学的学科发展，同时也拉近了人们与微生物的距离，将人们的视角从宏观拉到了微观层面。

介绍完上述微生物的发现历史，小彩虹接着说："通过今天的讨论，相信各位叔叔阿姨也对微生物的历史有了新的认识。但是话说回来，病毒、细菌等微生物还存在着非常多的未解之谜。所以在排队测核酸时还是要注意防护，严格保持间距，有序排队等候哦！"

小 贴 士

　　虽然我国是认识和利用微生物历史较悠久的国家之一，但对微生物的现代研究时间并不长，保持敬畏与探索并重，才是我们现在对大自然中微生物应有的态度。

赵大爷和李大爷异口同声地说道："对，你说得对，就按你说的做！"

"好的，我们保证遵守秩序！各位医护人员以及志愿者们，你们也辛苦啦！"说话间大家纷纷拉开了距离。

由于是高温天，不少小区居民们已经汗流浃背，但他们依然井然有序地耐心等待核酸采样。

# 人体内存在着众多微生物

## 生活实例

王阿姨退休后跟风学了网红推荐的"21天减肥法"，但因为节食过度引起不适，到医院检查发现有严重的肠道菌群失调。她希望能从消化科徐大夫这里获得一些建议，于是就问道："徐大夫，您看我这不仅没瘦下去，还把身体弄坏了，这是怎么回事呀？"

看过王阿姨的检查报告后，徐大夫耐心地说："王阿姨，您这是由于过度节食，吃得太少引起胃肠道里的微生物组成变化了。网上流传的一些'节食减肥'虽然能达到快速减重的效果，殊不知这种不健康的减肥方法，体重不仅容易反弹，还会导致一些对人体有害的病菌数量增加，比如艰难梭菌数量的增加会导致腹泻和结肠炎等疾病的发生。不过您也不用太担心，回去注意饮食，不要吃生冷辛辣的食物，喝点益生菌制剂平衡一下肠道菌群，过些天应该就没事了。"

"徐大夫，您刚刚不是说什么梭菌对身体不好吗？我是不是得杀杀菌啥的。"王阿姨听得一头雾水，满脑子都是细菌对身体有巨大危害。

"不是哦，王阿姨，微生物的功能多种多样，人类生存离不开它们。人体内本身就栖生着许多种类和数量的微生物，特别是我们的肠道当中不同的微生物之间存在着动态平衡，一旦这种平衡被打破了就可能引起疾病的发生。如果没有这些对人体有益的微生物，我们的肠道就无法正常消化吸收了，也就无法维持正常的新陈代谢了。"徐大夫耐心地说着并递给了王阿姨一本关于肠道微生物的科普杂志。

王阿姨看着杂志里漂亮的图片，感慨道："原来人体中的微生物有这么多。这些微生物不仅功能多样，还形态各异呢！那就是说，其实不是微生物要侵入我们的身体，而是我们离不开微生物，徐大夫您说对吗？"

徐大夫笑道："您说得没错，微生物千姿百态，除在人体内发挥重要作用外，在其他方面也应用广泛。例如医药界划时代的一项成就——青霉素的发现，还有后来大量的抗生素从各种微生物中筛选出来并在'二战'中挽救了无数人的生命。微生物不仅在维持身体健康方面与人类互惠共生，在广袤的地球生态文明中也扮演着重要的角色。因此，人类与微生物是相互依存，息息相关的。"

历史证明，科学家们是在不断的进步中发现并合理地利用微生物为人类服务。如流感疫苗的出现，让曾经肆虐欧洲，造成其2/3人口感染的"流感病毒"如今已经变得不那么可怕。我们只要注意好个人卫生和防护，相信在科学飞速发展的今天，在体内体外，我们一定能与微生物和谐共存。

# 怎样发现身边的微生物

## 生活实例

近段时间，陈大妈总觉得眼睛干涩，照镜子发现眼睛充血肿胀。起初，她以为是最近用手机刷抖音看视频时间太长导致眼睛疲劳，就自行滴起了眼药水。可是，连续用了几天眼药水后，这些不舒服的情况不但没有好转，眼睑部反倒出现化脓症状，于是陈大妈赶紧来到了医院眼科门诊，想看看到底是什么在作怪。

眼科赵大夫在听完陈大妈的描述后，对陈大妈进行了常规的眼底检查，并采集了眼睑部脓液送到检验科进行检验。结果检验科医生在显微镜下观察到呈葡萄状的革兰阳性球菌，这才找到了问题所在。原来陈大妈在感到眼睛不适时常常用未清洁的双手揉眼，这虽然缓解了一时的干涩，却造成了现在的外眼睑炎。

随后，赵大夫为陈大妈"对症下药"，经过抗生素＋人工泪液综合治疗两周后，陈大妈的不适症状终于彻底消失了。这次的事情也让陈大妈知道了，平时一定要注意眼部卫生，因为眼部环境同样容易被微生物"入侵"。那么，我们在生活中如何发现身边的微生物呢？

其实发现微生物的方法很多。

首先，最简单的方法就是我们可以直接通过肉眼观察，比如常常出现在餐桌上的香菇、木耳等微生物界的"大块头"，都是可以用直接观察法来发现。

微生物的生命力较强，分布较广，可以通过各种方式在人与人之间传播。尽管如此，我们不用害怕。只要我们平时注意个人卫生，养成定期对居住和工作场所进行消毒的好习惯，多多锻炼增强机体免疫力，微生物对我们的生活还是利大于弊的。

其次，对于一些无法直接观察到的微生物，我们可以通过选择培养法和鉴别培养法来解决这个问题。

前者在充足的营养条件和适宜温度下使标本中的微生物数量增殖至能被肉眼所观察到的程度，如腐烂的花生表面的霉斑就是大量的黄曲霉菌生长所致。

后者根据微生物的代谢特点，在培养基中加入某种指示剂或化学药品，缩小微生物生长种类范围，筛选出目标微生物。

这两种方式都需要在规定的生物安全实验室中完成，实验过程中需要注意防护，避免生物泄漏引发疾病。

此外，我们可以使用显微镜来发现和观察微生物：把一滴河水放在载玻片上，把显微镜焦距调到合适的位置，就可以看到水中各种各样的不停游动的微生物。如果是生活污水和工业废水，我们通常会看到一种名叫小口钟虫的菌种；如果大量鞭毛虫出现在显微镜下，则表示这片水域的净化情况比较差；而大量根足虫的出现，往往是有污泥与毒素沉淀的表现。

# 7

# 微生物有好坏之分吗

## 生活实例

一天中午饭后，李阿姨不停地腹泻，还出现了剧烈的呕吐。李阿姨的女儿马上把她送到医院。医生询问后得知李阿姨午饭后吃了前几天买的苹果。当时李阿姨觉得把这个苹果扔掉太浪费了，就把烂掉的部分削掉吃剩余的看起来没有烂的苹果。等李阿姨病情稳定后，医生解释说："阿姨，以后这种腐烂的水果可不能再吃了，因为它已经受到微生物污染了。还有那些发霉的花生、玉米、白面都不能吃了。""啊，这么多东西不能吃，这微生物可真祸害人。"李阿姨的闺女开玩笑地说道。

医生笑了笑："也不能这样说，微生物的确有坏的，也有好的。据统计，人体内的微生物有 200 多种，

它的分布也非常广泛，在口腔内大概有 80 种。绝大多数微生物对人类和动植物是有益的，只有少数微生物有害，会引发相应的疾病。"

"那大夫您给我们讲讲，哪些是好的微生物，哪些是坏的微生物呢？"李阿姨好奇地问道。

"在正常情况下，寄生在人类和动物口、鼻、咽部和消化道中的微生物是无害的，有的还成为健康卫士，被称为有益微生物。比如寄居在肠道中的大肠埃希菌能提供人体必需的维生素 $B_1$、维生素 $B_2$、烟酸、维生素 $B_{12}$、维生素 K 和多种氨基酸等营养物质；肠道内的乳杆菌和双歧杆菌可以在肠道内形成生物屏障，调节肠道菌群平衡。美国科学家舍勒尔发现了一种制冷细菌，该细菌能够在 3 分钟之内，迅速将体表的温度降低到 0 ℃以下，用它调制成冷却剂，涂抹在伤口周围，可以使细胞组织温度降低，防止伤口发炎，促进伤口愈合。"

医生拿起病床旁的一瓶益生菌饮料说道："就像这瓶益生菌饮料里所含的益生菌，就是对人体有益的微生物哦。益生菌是活性微生物的总称，包含双歧杆菌、乳杆菌、酵母、放线菌等。益生菌具有促进胃肠蠕动、改善肠道功能、预防便秘的作用，益生菌会在肠道内产生消化酶，帮助消化食物，吸收营养。"

"啊，那常喝益生菌饮料还是对身体有好处了？"李阿姨百思不得其解。

"那可不行，饮料里有很多糖，对身体不好。而且就算是益生菌也不能长期喝的。补充太多益生菌的话，会造成营养不均衡、细菌依赖，甚至是肠道菌群失调。"医生解释道。

"那坏的微生物有哪些呢？"李阿姨又好奇道。

"少数微生物具有致病性，能引起人类、动物和植物的患病，比如乙肝病毒、结核分枝杆菌、脊髓灰质炎病毒、脑膜炎奈瑟菌、艾滋病病毒、柯萨奇病毒等，这些微生物被称为病原微生物。但是微生物的好坏并不是一成不变的，有些微生物在正常情况下不致病，仅在特定情况下才导致发病，这类微生物被称为机会性致病微生物。例如大肠埃希菌，它们在肠道环境中不致病，但在腹腔中会引起腹膜炎，在血液中会引起败血症。因此，我们要培养良好的生活习惯，多注意饮食，才能不被这些微生物打倒。"医生笑着说道。

"大夫，谢谢您给我们讲得这么清楚，以后我再也不会乱吃东西了！"李阿姨认真地说。

小 贴 士

　　益生菌饮料，是指采用乳粉、鲜乳和白糖为主要原料，经特定益生菌发酵而成的一种乳饮料，如市面上的乳酸菌饮料。益生菌饮料喝法很简单，液态的直接饮用，固态的需要冲泡后饮用。注意事项是要适量，不能代替牛奶酸奶，不能加热饮用，不能空腹服用，避免与抗生素类药一起服用。

# 21 世纪为何被称为 "生物世纪"

## 生活实例

　　小区凉亭中王大妈和李大妈坐在一起聊天。王大妈愁眉苦脸地说："老李啊，你可不知道，我家儿媳妇还没生，你家儿媳妇都生三胎了。"李大妈安慰道："可以考虑一下做试管婴儿嘛，现在跟咱们那时候可不一样了，现在可是 21 世纪，生物技术那么发达，咱们以前想都不敢想的，现在都能办到了。"

　　《大趋势》一书的作者曾作过预测："今后的 20 年，将是生物时代。"国际科学界也纷纷预言，21 世纪将是生物学世纪，生物学将是 21 世纪的主角，那么 21 世纪为何被称为 "生物世纪" 呢？所有这些预言的根据，就是生物技术的崛起。生物技术是生物科学与技术科学相结合的产物，是通过技术手段，利用生物物质或生物过程生产有用物质的科学技术。

21 世纪又被称为生命科学和生物技术的时代。生物技术渗透于社会生活的众多领域，食品生产中的基因工程育种和啤酒酿制，医学上疫苗、药品的生产和开发，试管婴儿技术的应用以及生物能源如沼气、乙醇等，这些都包含着生物技术的应用。目前，生物技术的前沿领域有：功能基因组学和蛋白质组学、克隆技术与干细胞、转基因生物、生物信息学等。

许多不能自然怀孕生子但又想生一个孩子的夫妻将希望寄托在试管婴儿技术上。1978 年，第一个试管婴儿诞生，当时使用的是第一代试管婴儿技术，这种技术的适用范围较小，成功率偏低。随着生物技术的发展，后来出现了第二代和第三代试管婴儿技术。试管婴儿技术的发展不仅能解决部分人的生育问题，还能用于部分肿瘤疾病、遗传性疾病的治疗等，实现优生优育。

目前生物技术是全球发展最快的高新技术之一。现有的生物学知识和实验技术水平，让人们有能力去研究更为深奥的生物学技术，从而将对生物学的认识提高到一个新的层次。

随着生物学的进一步发展，人类可以按照自己的需要改造原有的生物物种，创造出具有优良性状的新物种。

由于生物技术可以在一定程度上解决人类面临的一些重大问题，如粮食、健康、环境、能源等问题，它与计算机微电子技术、新材料、新能源、航天技术等被列为高新科技，被认为是 21 世纪科学技术的核心。

当今世界科学技术发展迅速，生物技术就是其中一个重要的部分。但也有专家指出，生物技术就像一把双刃剑，它可以造福人类，但如果使用不当也将给人类带来灾难。

联合国大会于 1971 年 12 月 16 日颁布《禁止生物武器公约》，该公约于 1975 年 3 月 26 日起生效实施，旨在保护全世界生物安全并免受生物武器的威胁，保障世界和平与安全。

身边的微生物

"60岁开始读"科普教育丛书

二

# 生活中的微生物

# 微生物与人类生活息息相关

## 生活实例

小区周六要例行举办科普讲座，李奶奶每次都听得津津有味。今天正好有复旦大学附属华山医院抗生素研究所的专家来做有关微生物的讲座。专家在讲座中讲了这样一句话："微生物在我们人类生活中比比皆是，与人类生活息息相关。"李奶奶面露疑惑，专家为什么这么说呢？赶紧听专家讲一讲。

目前来看，微生物与人类的生产和生活息息相关。在农业方面，微生物在农业生产和农业环保中均起着重要作用。通过微生物发酵能产生多种有机酸、氨基酸、抗生素、酶制剂等产品，用于饲料、肥料、农药；可以利用微生物改良土壤微生态环境、降解农药残留、生产沼气；还可以代替化学农药用于植物病

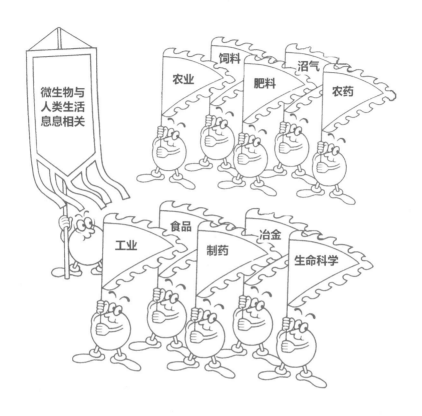

虫害的防治。

　　在工业方面，微生物在食品、制药、冶金、化工、石油、皮革、采矿等多方面均有广泛应用。

　　食品领域：在厌氧条件下，利用酿酒酵母进行发酵，将葡萄糖转化为酒精，可生产各种酒类；在好氧条件下，由醋酸菌发酵，将前因发酵产生的酒精转化为醋酸进而生产出醋；以乳酸发酵为主制作腌菜；牛奶经乳酸菌发酵后形成酸奶。

制药领域：维生素 C 两步发酵法工艺简化和缩短了莱氏法，加快了维生素 C 的生产速度；1976 年，中国医学科学院抗生素研究所从济南游动放线菌的培养液中，分离出创新霉素，在临床上对志贺菌引起的痢疾和大肠杆菌引起的败血症、泌尿系统感染、胆道系统感染有一定疗效。

在生命科学领域：微生物是研究生命科学的理想材料。人们借助微生物的消毒灭菌、分离培养等技术培养动植物细胞；基因克隆、PCR 等技术推动了 DNA 重组技术和遗传工程的发展；今天的转基因动物、转基因植物也源于微生物学的理论与技术。

当然，我们也应当看到，微生物在人类生活中既有有益的一面，也会对人类产生危害。

微生物会造成食物的腐烂。苹果、桃子、梨等水果发霉时会产生展青霉素，引起肠胃不适和肾水肿；花生、瓜子发霉时会产生黄曲霉毒素，因此需要及时扔掉发霉的食物，以免影响自己和家人的健康。我们能看到的发霉部分是霉菌菌丝充分发育的部分，那些尚未霉变的地方也可能已经被污染，只是用肉眼很难判断。

微生物引起的另一大危害就是致病。能引起人类和动物、植物致病的微生物称为病原微生物（详见本书第四部分介绍），分为八大类：细菌、真菌、病毒、支原体、衣原体、立克次体、螺旋体、原生生物。而在微生物引起的疾病中，由病毒引起的约占 75%。我们正在经历的新冠肺炎以及 2003 年的"非典"，常见的手足口病、各类病毒性肝炎等，都属于这一类。

# 你听说过有益微生物群吗

## 生活实例

孙大爷听闻老朋友周大爷最近身体不太舒服，便去他家探望。孙大爷看到周大爷房间有一瓶叫"EM 原露"的液体，便询问起来："老周啊，我看到你房里有一瓶液体，叫什么'EM 原露'，有啥用啊？"周大爷回答道："这你就不知道了吧，这是隔壁小区老王头向我推荐的，说这东西可好了，能包治百病。"孙大爷察觉不对劲，便打开手机查了一下急忙说道："哎呀，老周啊！网上说这个'EM 原露'一般都用在农业种植和畜牧养殖上，没说能给人治病呀！身体不舒服，还是要老老实实去医院看医生！现在的科学这么发达，我们要相信科学哦！"

## EM 是什么

EM 是 effective microorganisms（有益微生物群）的英文缩写，它是由日本著名应用微生物学家比嘉照夫教授发明的一项生物工程技术产品。

有益微生物群是包含了多种有益微生物的混合物，其中各微生物在增殖过程中互生共长，形成一个功能强大的整体，具有"有益分解""抗氧化"等多方面的作用。

1977 年，比嘉照夫教授被派往中东地区指导生活在沙漠地带的居民种植蔬菜水果。当地的西瓜由于受到一种无法防治的病害侵袭，造成西瓜的产量大幅降低。偶然间，比嘉照夫教授做完实验后将一些西瓜苗病株倒在厨房的排水沟里，排水沟中的病株苗竟然新长出来的一些根系。经过反复的实验和深入分析，他发现有几种微生物对植物生长影响很大，很快他就意识到这个发现具有十分重要的意义。

1993 年比嘉照夫教授写出了《拯救地球的大变革》一书。在这本书中他具体地阐述了如何将 80 多种微生物培养成一种菌液，这便是有益微生物群的由来。

## 在农业上"无所不能"的 EM

有益微生物群的功效十分强大，它不仅能加速土壤中有机物的分解，增强土壤肥力，还能增加土壤微型动物（如有益螨、蚯蚓类和甲虫类）的数量，改善土壤质量，从而形成适于作物生长的良好环境。同时，有益微生物群还能抑制土壤中病原微生物的侵袭和繁殖，为植物的健康生长保驾护航。

有益微生物群还有一些其他妙用：如果将少许有益微生物群放入厨房的垃圾袋里，封口后避光保存（冬季 10 ~ 15 天，夏季 3 ~ 4 天），这些垃圾就能够发酵成为无臭堆肥；瓜果类作物在施用有益微生物群后，瓜果重量、含糖量等指标会明显提高；有益微生物群可使花卉提前半个月开花，且花朵更鲜艳，花期延长。

此外，有益微生物群还能用于处理生活污水。日本千叶县曾经有一个湖泊被粪便污染，最终利用有益微生物群实现了湖水的净化。从那以后，世界上有越来越多的国家计划采用有益微生物群来治理河流的污染。

有益微生物群是由功能各异的多种微生物组成的一种活菌制剂，对土壤恶化、连作障碍、作物的抗病抗逆能力、产量和品质等有着积极的作用，在农业上"无所不能"。

常见用作生物肥料的有益微生物有根瘤菌、圆褐固氮菌、巨大芽孢杆菌、胶质芽孢杆菌（硅酸盐细菌）。用于水质处理的有益微生物有亚硝酸细菌和硝酸细菌。

需要注意的是，这些都是用于农业上的产品，可不能当作药品或者保健品服用。

# 微生物肥料大显身手

## 生活实例

　　每月的第二个周六下午，小区照例举行科普讲座。这回邀请的是市农科院生物技术研究所的专家讲一讲微生物肥料的事。退休的大爷大妈们很感兴趣，早早过来在会议室占好了座位，表示要好好听一下。演讲的专家也很会讲，会场不时地爆发出欢笑声，效果出奇地好。

　　"开轩面场圃，把酒话桑麻。"悠久的农业历史是中华文明最独特的烙印，已流淌在中华民族每一位成员的血脉之中。中国人无论身处何方，只要遇见一块空地，"神农血脉"便会觉醒，忍不住开垦成一方耕地，种植一席蔬菜。而种植，是离不开肥料的。

　　市生物技术研究所的专家说，肥料包括无机肥、有机肥和微生物肥料。无机肥是矿物肥料，也叫化学肥料，简称化肥，通常由化学合成方法生产，主要包括氮肥、磷肥、钾肥、复合肥等。有机肥，俗称农家肥，它的种类十分丰富，常见的有堆肥、沤肥、厩肥、绿肥、饼肥、泥肥等。而微生物肥料是二十一世纪的新型肥料，它的性能优于传统的有机肥和无机肥。

## 什么是微生物肥料

微生物肥料是以微生物及其产物为主要成分的一类肥料，它的具体功效是由产品中所含的微生物种类来决定的，因此可依据实际需求调配特定微生物种群配方，可生产出具有特定功能的微生物肥料产品。

例如，有的微生物产品使用后可增加作物养分的供应量，有的产品能促进作物生长，有的产品可修复和净化土壤，有的产品能促进秸秆等有机物料的分解腐熟，有的产品可以提高作物的品质，有的产品可提高植物抗病、抗旱等抗逆能力。

目前我国的微生物肥料产品分为三大类，即农用微生物菌剂、生物有机肥和复合微生物肥料。其中，农业微生物菌剂（简称菌剂、接种剂），又通称功能菌剂。

## 微生物肥料有何功能

在《微生物肥料生产菌株质量评价通用技术要求》行业标准中，将微生物肥料作用机制通过菌株质量评价方式归纳为 6 个方面，其具体功能为：提供或活化养分、促进作物生长、促进有机物料腐熟、改善农产品品质、增强作物抗逆性、改善和修复土壤功能。

虽然微生物肥料有这么多功能，但是其功能发挥受含水量、温度和有机物三方面因素的制约。例如，在干旱的沙漠地带很难发挥微生物肥料的功能，在严

小 贴 士

微生物肥料是一种绿色环保、无毒、无害、无污染的有机微生物制剂，它在提高土壤肥力、增强作物抗逆性、促进粮食增产增收、提高粮食品质和降低污染等方面具有显著优势。农业是我国经济命脉所系，是立国之本、强国之基，处于高度工业化和城市化进程中的当下中国，为确保粮食供应和保障食品安全，应让微生物肥料在现代农业体系中大显身手。

寒的冻土地区，周年都在 0℃以下，在土壤中也很难发挥微生物肥料的功能。如果土壤中缺少有机质，微生物无法获得生长所需的能源和微生物繁殖所需的有机元素，就无法进行新陈代谢活动，微生物也发挥不了其在农业生产和环境物质转化中的有效功能。因此，我们在使用微生物肥料时要注意我们的使用环境，因为虽然微生物肥料效果很好，但在极端环境下是不适合使用的。

# 微生物是天然的垃圾处理工

## 生活实例

　　小区昨夜雨疏风骤，枝丫上的繁花飘零，未过几日满地落红早已"零落成泥"。消失的花瓣在土壤中被腐生微生物分解成了可以被植物重新吸收利用的无机物！那么，微生物是否可以用来帮助我们降解生活垃圾呢？小区会议室里进行的科普讲座正在讲述这些内容，赵大爷和老伙伴们正在聚精会神地听着讲座，不时在笔记本上记着相关要点。

生活垃圾是现代社会中最让人头疼的问题之一。据报道，全球每年产生的垃圾超过 100 亿吨。其中，每年产生的畜禽养殖废弃物近 40 亿吨，主要农作物秸秆约 10 亿吨，一般工业垃圾约 33 亿吨，大中城市生活垃圾约 2 亿吨，垃圾产生量呈增长态势。传统的生活垃圾处理方式是填埋和焚烧。近年来，人们认识到微生物在有机物降解中发挥着重要作用，于是开始利用微生物技术对生活垃圾进行处理。

### 什么是微生物处理技术

微生物处理技术是利用微生物分解固体废物的技术，适用于处理有机垃圾，如分类收集的家庭厨余垃圾、单独收集的餐厨垃圾、园林垃圾、畜禽粪污、食品加工行业废弃物等。垃圾中的有机物一般主要包括纤维素、脂肪和蛋白质三大类，微生物可以将这些有机物成分分解为细菌的养分或者无机物。目前，生物处理技术主要包括好氧堆肥技术、厌氧发酵技术等。

好氧堆肥技术是指在有氧的条件下，利用有氧环境中生存的微生物（细菌、真菌、放线菌、纤维素分解菌、木质素分解菌等）对有机垃圾进行氧化、分解

小 贴 士

运用微生物处理生活垃圾，不会对环境造成新的污染，更避免了挖坑填埋处理方式所带来的侵占土地以及对环境有潜在污染的弊端。当然，我们还需要主动参与垃圾分类。垃圾分类并不繁琐，它是垃圾有效处理并回收的前提。

在日常生活中只要按照标识对易腐垃圾、可回收物、有害垃圾以及其他垃圾进行分类投放，集中无害化处理再利用，就可以有效减少垃圾处理量，从而起到保护环境、节约资源的大作用。

及吸收的技术。而厌氧发酵是指在无氧条件下利用厌氧微生物（发酵性细菌、产氢产乙酸菌、耗氧耗乙酸菌、食氢产甲烷菌、食乙酸产甲烷菌等）将有机垃圾降解成无机化合物和甲烷、二氧化碳等气体的过程。该技术是目前处理厨余垃圾的主要工艺，也被广泛运用于污水废水的处理上。

## 微生物处理技术在塑料垃圾处理中前景广阔

PET（聚对苯二甲酸乙二酯）是饮料瓶和合成纤维的常用材料，由于这种物质在自然界中并非天然存在的，因此进入生态环境中的塑料垃圾需要上百年才能被降解。

2016 年，日本微生物学家织田小平的研究团队在被 PET 塑料污染的沉积物和废水样本中，发现了一种以 PET 作为主要营养来源的细菌——大阪堺菌。该菌之所以能"吃掉"塑料（PET），是因为它能产生 2 种独特的酶，将 PET 彻底分解为乙二醇和对苯二甲酸。大阪堺菌的发现或许在未来能成为人类破局"塑料危机"的关键。

## ⑬

# 用于发酵的微生物：从山西特产老陈醋说起

## 生活实例

"碟子里要倒点醋吗？"老李头手里拿着醋壶询问身旁的老赵头。老赵头连连摆手，满脸疑惑："要上菜了，碟子里加了醋怎么吃呀？"老李头理所当然地说："当然是蘸着陈醋吃啊，我们山西人都是这样吃宴席的。还有人直接喝呢。"老赵头非常震惊："你们山西人也太喜欢吃醋了吧！"老李头笑着说："还好啦，我们山西人只喜欢山西老陈醋。"老赵头听了以后更是连连发问："山西老陈醋和别的醋有区别吗？它是怎么酿造的呀？"

### 中国四大名醋

中国醋文化源远流长，不同的地理位置和风土人情孕育出了不同种类的食醋，其中以山西老陈醋、镇

江香醋、四川保宁麸醋和福建永春老醋最为著名，被誉为中国四大名醋。不同的食醋在酿造原料、酿造技艺、风味口感等方面，都有很大的区别。

**不同种类的醋在发酵过程中有差异**

镇江香醋是用优质糯米以醋酸菌种接种后再经过固体分层发酵及酿酒、制醅、淋醋这几个生产过程生产而来。

永春醋则是以优质糯米为主要原料、红曲为发酵剂,进行糯米蒸煮、酒精发酵、醋酸发酵的液态深层发酵过程制得。

保宁醋的主要原材料选用的是粮食、麸皮等,其独特之处在于制曲过程中添加了多种名贵中药材,并以当地富含矿物质的泉水来酿造。

而我们所熟知的山西老陈醋距今已有 3 000 多年的历史,居我国四大名醋之首,素有"天下第一醋"的盛誉,其酿造技艺于 2006 年荣获首批国家级"非物质文化遗产"称号。山西老陈醋是以高粱为主要原料,经过液化、糖化、酒精发酵、醋酸发酵、熏醅、淋醋、陈酿等传统自然发酵过程酿制而成。其颜色通常呈深褐色,具有香味浓郁、酸味柔和、回甜醇厚、食而绵酸的特点。

### 微生物在陈醋发酵中的作用

在山西老陈醋的生产过程中,微生物发挥了很重要的作用。

人们选用优质大麦和豌豆,按照一定的配方粉碎、加水调和后压制成曲块,经过几个阶段的发酵(入房排列、上霉期、晾霉期、潮火期、大火期、后火期、养曲期）后再贮存 3 ~ 4 个月。此时其内部形成稳定的以霉菌和酵母菌为主的菌群，这些微生物在生长和代谢的过程中可以产生多种酶类，从而使大曲具有多种功能。

当大曲与制醋原料物质混合后，其内部的微生物可以将原料分解代谢，产生各类代谢物，构成了食醋独特的风味物质或风味前体物质。

经研究发现，山西老陈醋的酿造是一个开放式发酵的过程，大量微生物会参与这一过程并不断进行演替，主要酿造微生物除醋酸菌外，还有乳杆菌、芽孢杆菌、酵母菌、霉菌等，这些微生物对老陈醋的品质共同发挥着重要作用。

食醋作为一种调味品，其生产历史悠久，同时还具有抗氧化、降血压、抑菌、增进食欲、加强消化、促进人体钙吸收等医疗保健功效，对人体健康有很大的帮助，大家可以适当多摄入食醋。

# 酵母让小面团发成大馒头

## 生活实例

常年生活在南方的李奶奶悄悄告诉即将要去北方带外孙的王大爷说："吃了酵母发酵的馒头会导致癌症，还有使用酵母发酵的馒头刚蒸出来的时候不能吃，不然会得胃病！在那边不要吃馒头！"王大爷听了，哭笑不得地对李奶奶解释道："这些传言是不正确的，发酵的馒头可好吃了呢，又香又压饿！"

酵母究竟是什么呢？吃酵母粉发酵的食物会给人体带来伤害吗？是不是所有的面点都使用酵母粉进行发酵呢？

我们日常生活中常吃的面包、馒头等面点在制作过程中一般都要经历发酵的过程。只有经过发酵做出来的面点，才会变得松软可口。常用的发酵粉有酵母粉、小苏打、碱面、泡打粉等，多数为化学物质，但酵母则属于一种天然的微生物。

## 酵母是什么

酵母粉是由酵母干燥后研磨而成的粉末，可分为鲜酵母和干酵母两种，两者之间的区别在于含水量和酵母活性的不同。酵母是一种单细胞真菌，分布于整个自然界中。其细胞极小，主要生长在潮湿的环境中，在有氧和无氧的条件下均能存活。人们的肉眼无法看到酵母，但在显微镜下可观察到它们的个体形态呈球状、卵圆、椭圆、柱状、香肠状等。

## 酵母是如何辅助发酵的

北方的面点主要成分为淀粉，是酵母生长所需主要营养物质之一。在氧气充足的条件下，酵母可大量繁殖，将面粉中的葡萄糖转化为水和二氧化碳气体。经过多次压揉的面团，内部会产生如网状组织的面筋。大量的二氧化碳气体停留在面筋内，形成空洞，就能保持住面团膨胀、松软的状态。如果发酵过度，面团中酵母数量过多，氧气无法充足供应时，酵母则进行无氧呼吸，产生出的酒精可以为面点提供一些别有的风味。

## 酵母对人体的影响

酵母是天然的微生物，不会对身体造成不良的影响。同时酵母本身就属于一种营养物质，能提高发酵食品的营养价值，营养学上把它叫作"取之不尽的营养源"。酵母本身是一种益生菌，它有助于人体胃肠道消化吸收，而且酵母在面点烹制的过程中会被杀灭，对人体健康不会造成有害影响。同时，酵母可以为人体提供一些必需氨基酸，尤其是谷物中比较缺乏的赖氨酸；另一方面，酵母含有大量的维生素 $B_1$、维生

小 贴 士

酵母发酵的适宜温度是 36 ~ 40℃，并且在高糖、高油的环境下难以存活，因此酵母不适合用来制作蛋糕、饼干等面点。此外，酵母粉不是放得越多越好。一般来说，酵母粉的添加比例占面团重量的 1% ~ 1.5% 即可。放过多酵母粉会使营养供应不充分的酵母死亡，发生自溶现象，释放出酵母细胞中的化学物质，导致面点吃起来发酸，影响口感。

素 $B_2$ 以及尼克酸。有研究发现，馒头和面包中所含的营养成分比没发面的大饼、面条要高出 3 ～ 4 倍，蛋白质高出近 2 倍。

# 酒曲：最好的酿酒师

## 生活实例

"人生得意须尽欢，莫使金樽空对月。天生我材必有用，千金散尽还复来。"老年大学的课堂上，贾大爷读着诗仙李白的《将进酒》，大气磅礴的诗句让他感慨万千。同小区的老王头看他发呆的样子戳了他一下，缓过神来的贾大爷问老王头："你说这酒有这么好喝吗？它是怎么酿造出来的呢？"老王头说道："咱们国家的酒文化源远流长，酿酒离不开酒曲呢。"

酒曲是什么呢？它在酿酒的过程中有什么作用？

我国白酒酿造历史悠久，种类繁多。在酿酒过程中，以小麦、大麦、豌豆等为原料制成的酒曲扮演了重要的作用。在白酒酿造中，酒曲是必不可少的物质之一，它能发挥糖化、发酵的作用，同时也是形成不同白酒风味的重要物质。在制备酒曲的过程中，由于环境的复杂性和原料的不同，产生了众多的微生物，包括霉菌、酵母和其他细菌等。

## 微生物在酿酒过程中分别发挥不同作用

霉菌主要起糖化作用，能够将材料中的淀粉部分快速地分解成为糖分，以供发酵。这一类微生物也被称为糖化菌类微生物菌群。霉菌特别是毛霉，能够生成较具活力的蛋白质分解酶。这种酶能够使蛋白质水解为肵、胨、多肽，最后形成氨基酸。氨基酸是酒体芳香的前驱物质，氨基酸越多，则酒体的醇度就越高。

而酵母是酿酒发酵中很重要的菌类，主要发挥酒化和酯化作用。其中假丝酵母和汉逊酵母的强酯合能力可产生让酒浓郁芬芳的酯类物质。另外，酵母代谢产生的甘油和其他多元醇，也是决定酒质量和风味的重要物质。

同时，部分其他细菌作为生香微生物，可将分解出来的营养物质中的香味物质进行提炼，从而出现酒香。通过细菌代谢产生的酯类物质，是酒类芳香的主要成分。醋酸菌能够将葡萄糖转化为醋酸，乳杆菌能够将葡萄糖转化为乳酸。醋酸和乳酸是酒中的主要风味物质，但醋酸含量过多会使白酒呈刺激性酸味，乳酸过量会使酒醅酸度过大，影响出酒率和酒质。

## 不同香型白酒中的微生物组成不一样

酒曲、发酵容器、空气、生产工具、原料等，都是酿酒微生物的来源。不同酒曲的生产工艺和白酒酿造工艺影响着白酒生产过程中菌系、物系和酶系的组成，对白酒风味的形成起着重要的作用。按照香型分类，白酒又被分为浓、清、米、酱香等12种香型。

其中，清香、浓香、酱香型白酒占据大部分国内市场。米香型白酒市面上较少，分传统型（以桂林三花酒为代表）和现代型（以冰峪庄园、西江贡为代表）两种。

以汾酒为代表的清香型白酒酒体无色、清亮透明，

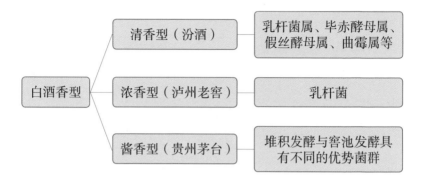

无悬浮物、无沉淀，清香纯正，具有清雅、协调的香气，入口绵甜，香味协调，醇厚爽冽，尾净香长。清香型酒醅中的优势微生物主要有乳杆菌属、毕赤酵母属、假丝酵母属、曲霉属等。

以泸州老窖特曲为典型代表的浓香型白酒的酒体无色透明，有窖香优雅、绵甜爽净、柔和协调、尾净香长等特点。乳杆菌是浓香型白酒酒醅发酵过程的优势微生物。

以贵州茅台为代表的酱香型白酒优雅细腻，酒体醇厚丰富，回味悠长。酱香型白酒的窖池为泥底石窖，前两轮投料，八轮次发酵，在每次发酵前有加曲进行高温堆积的工艺，此阶段重新富集了微生物，不同轮次发酵工艺有类似的变化规律。堆积发酵与窖池发酵具有不同的优势菌群，就不多多介绍了。

# 家中能用微生物制剂防治病虫害吗

## 生活实例

夏天的晚上，坐在自家院子里或是阳台上，感受清凉的晚风吹拂，别提有多惬意了。可是偏偏耳边又响起嗡嗡嗡的蚊子声音，不一会脸上、腿上全是疱。天气炎热，蚊虫滋生，不仅扰得人不得安宁，还容易传播疾病。百姓苦蚊虫久矣，那在家中能否用微生物制剂防治病虫害呢？

家中常见害虫有很多种，如苍蝇、蚊子、虱子、跳蚤、蜈蚣、蠹虫、螨虫、蟑螂等。尤其在夏季，蚊虫滋生，给大家生活带来很多困扰。考虑到杀虫剂的残留和毒性，尤其是对孕妇和小孩的健康影响较大，生物防治被认为是更加安全并对环境友好的方法。那么目前有安全又高效，且可在家中使用的生物制剂吗？答案是肯定的。

## 用于防治蚊子的生物制剂有哪些

以蚊子为例，可以用于控制蚊子繁殖的生物制剂有金龟子绿僵菌、苏云金杆菌（以色列亚种）和球形赖氨酸芽孢杆菌制剂，还有土壤中放射菌的发酵产物多杀菌素制剂。

金龟子绿僵菌是常见的一类可以杀死昆虫的微生物。含有金龟子绿僵菌的产品目前未发现对人体有害，也就是说，它对蚊子、蟑螂等昆虫以外的生物无副作用。将金龟子绿僵菌与其他药物联合使用可以更有效地杀灭伊蚊——这个蚊子中的"巨无霸"。

苏云金杆菌（以色列亚种）制剂和球形赖氨酸芽孢杆菌制剂被作为微生物杀幼虫剂广泛用于防治蚊子。苏云金杆菌和球形赖氨酸芽孢杆菌合用效果更强，其能作用于蚊子叮咬时注入人体的多种蛋白质，不用担心反复使用效果变差。

多杀菌素（土壤中放射菌的发酵产物）制剂是无公害杀幼虫剂，它含有 2 种杀虫活性物质，几乎对所有蚊子（库蚊、伊蚊和按蚊等）都有活性，某些制剂已经批准用于有机农作物种植以及人类饮水中。多杀菌素也影响蚊子以外的水生昆虫，包括一些捕食蚊子的昆虫，所以该生物制剂还需要进一步研究以解决对其他水生昆虫的影响。

### 用于防治蟑螂的生物制剂有哪些

除此之外，针对常见的室内害虫蟑螂的生物防治方法也已经开发出了比较成熟的产品。

黑胸大蠊浓核病毒对蟑螂有致病作用，由此开发的新型生物灭蟑剂已经投入生产。

同时市场上的毒力岛胶饵（即带有杀虫剂的诱饵）在杀灭蟑螂的效果方面极佳，已经成为防治蟑螂的新一代药物。

然而，值得关注的是应用活的生物制剂不仅要考虑杀虫效率，更要考虑对当地生物群落是否具有潜在危害。

虽然在研发过程中已经考虑过相关问题，但随意购买和携带入境国外研发的活的生物产品，即使是微生物，也有可能会对本土生物群落带来难以想象的后果。

# 老年人容易坏肚子是抵抗力差吗

## 生活实例

"哎哟，哎哟，我肚子又开始痛了，我得赶快找个厕所去。"张大妈捂着肚子说道。"你的肠胃这是怎么了？你看看，每天早晨都没办法跟我们在公园一起锻炼身体了。你这样下去免疫力会更差的！"刘阿姨在旁边关心道。"唉，我这是老毛病了，自打上了年龄啊，时不时坏肚子，前阵子去医院做了肠镜，结果也是正常的呀。"张大妈叹息道。张大妈匆匆离开后，大家一起讨论了起来。

"我家老伴儿也跟张大妈的情况一样。饮食上全家吃的都一样，稍微吃了点冷的、生的，别人都好好的，就他容易坏肚子，也找不出什么原因。"王阿姨忧心地说着。"你们说这会不会是因为年纪大了，抵抗力差了，才容易坏肚子呢？"刘阿姨灵光一现，猜测道。"对对对，或许还真有这个可能呢。"王阿姨激动地说着，"我这就回去带着我的老伴儿到医院问问大夫去！"

王阿姨来到了医院的消化科，找到了消化科闫大夫，问道："闫大夫，我老伴儿啊稍微吃了一点凉的，油腻的，或者一些剩饭，就会坏肚子。像这种情况，到底是怎么回事呀？"

"老年人经常坏肚子，不仅仅跟免疫力有关，也与肠道菌群有关。从出生起，人的肠道菌群与就免疫系统相互依赖，共同发育。正常成年人的肠道菌群比

较稳定，而后随着年龄的增长，某些微生物的比例会有所改变。一些有益菌和保护性厌氧菌的种类和数量减少，导致肠道中主导菌种的改变。这也与中老年人群的免疫功能降低有关。而老年人抵抗力减退，也使致病菌更容易入侵和定植到肠道内，从而引起肠道菌群失调。"

"那这么说，免疫功能和肠道菌群，他俩是相互影响的了？"

"嗯，对，可以这么理解的。而且有研究表明，大便性状与肠道菌群的丰富度呈显著相关。"

王阿姨担忧地问道，"那么这种状况要怎么去解决呢？有没有什么治疗的手段？"

"与其说是治疗，不如说要在平时做好保健和预防。肠道菌群种类繁多且作用强大，当菌群处于平衡状态，肠道才会健康。当肠道中有害菌群超过有益菌群的时候，腹泻、便秘等多种问题也就随之出现了。"

"所以让肠道菌群处于平衡状态，是保证肠道健康的重要一环。我们可以通过补充一些益生菌来调整肠道的菌群结构，以此来改善肠道的免疫功能。"

"食用益生菌酸奶和酸化乳可以减轻高脂饮食的餐后炎症，益生元也对肠易激综合征患者的症状改善有较好的疗效。"

"但是，如果发现容易腹泻时也不能掉以轻心。腹泻也可能是其他一些疾病的预警，应该及时到医院完善相关检查并诊断。"闫大夫补充道。

王阿姨感激地点点头说："我明白啦，闫大夫！我这就回去让他多多注意饮食，注重平时的保健预防，谢谢您！"

小 贴 士

如果老年人经常腹泻，应前往医院及时就诊。一般这与免疫力和肠道菌群都有着莫大的联系。

老年人要在日常生活中注意健康饮食，不吃生冷油腻食物，不吃剩饭，注重肠道菌群的平衡。

同时，也可以食用适量益生菌制剂来帮助恢复肠道菌群的平衡，这将有助于老年人拥有健康的肠道和高质量的生活。

## ⑱

# 食物存放在冰箱就能"保鲜"吗

## 生活实例

"怎么又从超市买了这么多东西？咱们家就这几个人，吃不完的！"老李头皱着眉头，怪老伴李阿姨在超市采购了太多的食材。"我看见这超市都在打折卖特价，忍不住买得多了一些。没事，咱家冰箱这么大，肯定能放得下，慢慢吃嘛！"李阿姨安慰道。"那也不行，前阵子我都看了新闻了，有一种病叫作'冰箱病'，你一直把蔬菜放在里面，食材会放坏的。吃了这些东西容易生病的。"李阿姨将信将疑，食物放在冰箱到底能不能"保鲜"呢？

像李阿姨一样，大多数人都习惯性地认为，冰箱的温度低，可以保证食品的新鲜；以为但凡冰箱存储的食物都可以放心食用，其实不然。

　　微生物多种多样，在冰箱内也有着丰富的微生物，比如一部分细菌是"怕热"的，待在冰箱里反而有利于它的生长繁殖，我们将这些细菌称为嗜冷菌。不同的冷藏食品，它所带的嗜冷菌也不同。大多数蔬菜中的嗜冷菌是真菌，水果上主要是酵母，还有一些腐败菌以蛋白质为营养物质，比如肉蛋奶以及一些剩饭，因此这些食物极易受到污染。

　　在嗜冷菌中有一种细菌，李斯特菌，被誉为"冰箱杀手"。李斯特菌属包括六个菌种，跟人类有关的是其中的单核细胞增生李斯特菌。这种细菌广泛分布于自然界，也能污染食品，如熟肉制品、凉拌菜、乳制品等都是容易被单核细胞增生李斯特菌污染的食物。

　　李斯特菌通常不会对健康成年人造成太大危害。与沙门菌等食源性致病菌相比，李斯特菌造成的感染性疾病相对少见。但如果引起感染，一般表现为发热头痛、腹痛腹泻等。对于免疫力低下的人群，如老人和小孩，李斯特菌引起的感染则较为危险，容易造成脑膜炎和败血症，甚至引起死亡。但是李斯特菌感染的潜伏期较长，2～3周甚至2～3个月都有可能。所以当就医时，距离食用问题食品时可能已经过了很久，也很难追溯到问题食品。

在人感染李斯特菌的病例中，患者主要是食用未充分加热的鸡肉、热狗、鲜牛奶、牛羊排、沙拉、馅饼、冰淇淋等。

那么在日常生活中我们要怎样远离这类微生物的侵害呢？

一分预防胜过十二分治疗。大多数的微生物感染都是经口传播。对于速冻食品和冰箱里面储藏的食物，应充分加热后再食用即可以有效预防。

小 贴 士

对于孕妇、婴幼儿、老年人和免疫力低下的人群，最好不要直接吃从冰箱里拿出的食物。冰箱里的食物，包括在外购买的熟食都应充分加热后再食。

在平时生活中要注意不饮生水，牛奶应该煮沸加热，饭前便后要洗手，发现过期或腐败的食品立即扔掉。

食物不应长期存放在冰箱内。冰箱要定期清理，并保持冰箱内的卫生。

对于剩饭和肉类，如果加热温度和时间不够，一样有可能引发食物中毒。

同样，一些微生物也容易通过眼及破损皮肤、黏膜进入人体内从而引发感染。因此，对于伤口，我们要及时用碘伏消毒处理，同时做好手部卫生。

此外，我们还应该多运动，强健体魄，这样在有害病原菌进入人体的时候，我们的免疫系统就足够强大去"打败"他们。

# 为什么还需要"除四害"

## 生活实例

"除四害？"王奶奶看着社区发来的传单问道。"'四害'指的是老鼠、苍蝇、蟑螂和蚊子，因为新中国成立初期的时候呀，它们祸害粮食，传播疾病，我们老家那边当时的'除四害'运动呀，那可是人人参与，各显神通。"王爷爷骄傲地说道。"是呀，那时候卫生条件差需要'除四害'，为什么现在还要'除四害'呢？"王奶奶疑惑道。

　　王爷爷解释道："我们现在'除四害'确已卓有成效。经过数十年的'除四害'工作，大多数以'四害'为传媒的疾病都得到了有效的控制，相关传染病发病率大幅度下降，人们的寿命普遍延长。如今，'除四害'与消除疾病的联系已经没有以前那么直接。但看我们周围，仍然还有一些传染病时时出现并流行。我

想这也许是我们现今还要继续'除四害'的原因吧。"

"原来是这样，那都有哪些传染病呢？"王奶奶的好奇心得不到满足，打破砂锅问到底。

"这咋说呢，"王爷爷挠挠头，"这可就多了去了。"

王爷爷说，现如今，随着全球气候的日益恶化和国际交通运输的逐渐快捷，全球虫媒传染病呈上升趋势，使得原有传染病的流行区域不断扩展，疾病的流行频次不断增加。

因此，原本局限于某一地区或者国家内的疾病突破了国境，引起世界范围内的广泛传播与流行。这些曾经或正在流行的传染病给世界人民带来了巨大的危害。这也是我们至今坚持要'除四害'的原因。

蚊子的危害在于其叮咬有病的动物或人后，会传播病原体。所谓蚊媒传染病，是由病媒蚊子传播的疾病，常见的危害性较强的蚊媒传染病有西尼罗热、流行性乙型脑炎、疟疾、登革热、丝虫病、黄热病等。当患者表现有突发高热、意识障碍、抽搐等症状时，应当警惕乙型脑炎的可能。而得了疟疾的患者，体温变化大，先发冷后发热，随之出汗、体温下降，如此反复，因此疟疾也称"打摆子"。登革热是由病毒引起的传染病，典型临床表现是发热、头痛、全身肌肉痛和关节痛。夏秋季节我们应当警惕此病。

鼠类是多种病原体的储库，引发的很多疾病是世界性疾病，如斑疹伤寒、鼠疫、流行性出血热，这些传染病的传播途径分为直接传播和间接传播。直接传播途径是通过被鼠咬伤，或其他伤口直接接触鼠的粪便、尿液或口腔分泌物，或者人们食入被上述物质污染的食物和水；间接传播途径则是通过蜱、蚤、螨等媒介传播，如钩端螺旋体、沙门菌等感染。

蟑螂食性广泛，取食多种物质，可携带致病的细菌、病毒、原虫、真菌以及寄生虫的卵，并且可以作为多种蠕虫的宿主。蟑螂不仅传播疾病，还会使人过敏，例如，它可以携带传染麻风的麻风分枝杆菌、传染腺鼠疫的鼠疫杆菌、传染痢疾的志贺杆菌、引起泌尿道生殖道感染的大肠埃希菌及传播肠道病和胃炎的多种沙门菌，还可以携带引起食物中毒的多种致病菌，如铜绿假单胞菌、产气荚膜梭菌、粪肠球菌等。此外，蟑螂携带有蛔虫、牛肉绦虫、蛲虫等寄生虫的虫卵，还会携带原虫和病毒，这些对人体都有致病性。

苍蝇种类多，活动范围广。除骚扰人畜外，苍蝇主要是通过叮咬干净的食物，将身上携带的病原体黏附在食物上，从而传播疾病。苍蝇可能传播的疾病有：

细菌性疾病，如伤寒、副伤寒、痢疾以及霍乱；病毒性疾病，如脊髓灰质炎、病毒性肝炎；寄生虫疾病，如阿米巴痢疾、蛔虫病等。

王奶奶说："总算弄明白了，还有这么多传染病，的确现在还是需要'除四害'，不能放松！"

如何做好防蚊防蝇防蟑螂工作？

1. 定期大扫除，清理垃圾，保持室内整洁，特别是厨房的清洁卫生，消除"四害"的滋生地。

2. 家中粮菜等不宜储存过久，被害虫污染的粮菜不应再继续食用。一旦发现家中有腐败食物要及时清理并消毒。

3. 在害虫藏匿地方用杀虫剂进行消杀。

# 过敏是否与微生物相关

## 生活实例

　　同事小赵接到电话后急匆匆赶回家，看到赵大爷说："您这身上是怎么啦？长了这么多小红点？""我觉得一阵一阵痒得慌，就总想挠，结果越挠越多。"赵大爷一边说一边搓着胳膊，焦躁不安。只见那胳膊上布满了密密麻麻的红疹子。

　　"那快走吧，咱们快到医院看看去。"小赵着急地把赵大爷扶起来并催促道。

　　到了医院，小赵连忙问医生。"请问医生，我爸爸这个是什么皮肤病？他一直痒，情绪还特别急躁。"

　　"叔叔这个情况，初步判断是与过敏有关的湿疹。"

　　"过敏？之前我爸爸也有一次过敏，当时查了过敏原，没有查到呀。"

"是这样的，过敏的原因太多，环境中存在的过敏原成千上万，而能检测到的过敏原有限。此外，每个人不同的身体状况也影响着过敏反应。"

"那请问医生，与过敏相关的因素都有哪些呢？我们了解了，也可以在日常生活中多注意一些。"

"首先，过敏是人体内的免疫系统对人体接触到环境中的过敏原所引发的一系列超敏反应现象。我们的免疫系统本来是应该攻击对我们有害的病原体、代谢产物等，但现在免疫系统把这些过敏原物质也判定为异物，对他们发起攻击，就导致我们的身体产生过敏反应，比如皮肤起疹子、呕吐、腹泻、呼吸困难、流涕等。引起过敏反应的原因主要有：家族遗传、长期接触过敏原（比如花粉、蟑螂、动物毛皮、尘螨、真菌等）、心理因素等。过敏原进入人体的方式也多种多样，比如经呼吸道吸入、随食物经消化道进入、皮肤接触、昆虫叮咬等。"

医生接着补充道，"其实过敏产生的最主要因素包括遗传与环境两方面。基因无法改变，那么环境因素就显得尤为重要了。在环境因素中，有一个最容易被疏忽，那就是肠道菌群。那么肠道菌群与过敏之间又有何关联呢？肠道微生物会通过不断刺激机体局部或全身免疫系统从而引起人体免疫应答反应。它在免疫反应过程中的作用主要归纳为两方面：一方面，肠道菌群组成的不合理会刺激诱发过敏；另一方面，肠道菌群的紊乱可能会加重过敏。有关研究已经证明，抗生素的滥用会改变人类肠道菌群的组成，引发肠道菌群失调，增加诸如哮喘、食物过敏等过敏反应的概率。"

"原来有这么多的原因呀，那我们在生活中要怎么预防呢？"

"对于像赵大爷这样的老年人呢，要注意增强体质，提高自身免疫力。平时规律作息，戒烟限酒，健康饮食。同时呢，也要保持个人和生活环境的卫生，勤换床单被罩，换洗的衣物和床上用品要暴晒。适量进行一些有氧运动，锻炼肺功能，预防呼吸道感染。如果发现对某些食物或者物质过敏，那么就要尽量远离过敏原。如果出现皮肤过敏的情况，要及时就医，外用或者内服抗过敏药物进行治疗，治疗如果不及时再严重的话，可能会出现喉头水肿引发窒息甚至过敏性休克。一旦过敏，要保持皮肤清洁，避免抓挠，以免出现皮肤感染而引发其他疾病。"

"看来老年人要预防疾病，最重要的，还是需要增强自身的免疫力。谢谢您，医生！我们会谨遵医嘱，保持愉悦心情，维持健康的生活方式。"小赵和赵大爷一起感谢医生后高高兴兴地回家了。

小 贴 士

老年人是过敏性疾病的高发人群。在日常生活中，要健康饮食，营养均衡。

避免吃刺激性食物，戒除吸烟、酗酒等不良嗜好，避免对肠道的有害刺激。

保持个人卫生，衣物床品要勤换洗，定期暴晒，做好除螨工作。

避免长期卧床，进行适当的有氧运动，循序渐进，持之以恒。如果清晨锻炼，不宜空腹进行。

保持健康规律的作息以及愉悦的心情，可以预防多种老年病的发生！

## 21

# 夫妻相是否有科学依据

## 生活实例

一天，李先生在家中整理相册，看到了父母亲年轻时候的照片，又翻到了父母亲老年后的照片，发现两位老人的样貌越来越像了。李先生叫来了他的太太，两个人对着镜子，你看看我，我看看你，"你说，咱俩是不是也看着越来越像了？"李太太手里拿着自己年轻时的照片，比对着镜子中的自己，惊讶道："你不说我都没发现，确实容貌是看起来有些变化，跟你越发相似了。"李先生疑惑道，"那这是为什么呢？夫妻相究竟是巧合还是确有科学依据？"

夫妻相事实上是一种人类社会现象，指夫妻二人随着在一起生活的时间越长，两个人的面容、气质、行为方式等方面变得越来越相像的现象。实际上，夫妻相是有一定科学依据的。

　　研究者的研究角度不同，对于夫妻相形成原因的解释也多种多样。有来自心理学的分析，认为人先天喜欢自己，那么在择偶时会选择与自己长相相似的人。另有人认为夫妻磨合的过程就是两个人潜意识地相互模仿，导致两个人举手投足都十分相似。但目前的研究普遍认为从微生物的角度来解释更加合理。

　　2015 年年底，《科学》发表的一篇文章表明，小鼠混合饲养后，体内的菌群会趋于相同。中国科学院微生物研究所环境微生物基因组中心主任朱宝利研究员对此也认为，夫妻相和人体内的微生物有关系。夫妻长时间共同生活，饮食作息相近，加上亲密的夫妻行为，促成了两个原本不同的个体体内细菌微生态环境变得越来越相似。在二人体内菌群趋向于相同的过程中，夫妻二人的性格、行为习惯及生理状况都会受到影响，越来越相似，因而产生了人们常说的夫妻相。朱宝利研究员介绍说，如果体内的菌群有相似的趋势，两个人的生理情况也会相似，比如身体状况、患病概率等。但是，这在人群中的影响并不是很明显。菌群在人与人之间的传播是通过一同吃饭、亲密行为而产生的，另外还有少量空气传播，但传播量会比较少。

　　既然人体之间会相互传播彼此的菌群，对方的菌群进入自己身体后，会对自己的身体产生危害吗？其实我们人体有免疫系统。如果对方的致病菌传播到自己身体里，我们体内会有抗原将其杀掉。经过免疫系统的层层筛选，剩下的细菌可以和我们人体和平共处，以保持人体内的平衡，使我们的身体可以健康运转。

　　这时会有人担心，长时间共同生活会有夫妻相，那会不会也有夫妻病呢？夫妻病也是有着一定的现实基础和科学原理的。比利时的研究者通过研究发现，居住在一起的人，其免疫系统看上去更相似。这也给

小　贴　士

　　夫妻病不可怕。对于不良生活方式，夫妻间应相互提醒。健康饮食，保持适当运动的习惯，同时保持积极的心态，营造良好的生活环境模式，是远离夫妻病的法宝。如此，夫妻相才能意味着幸福持久的婚姻及和谐友爱的家庭。

了夫妻病可乘之机。常见的夫妻病，除了性病、传染病等我们熟知的，还有代谢性疾病（如糖尿病）、癌症、消化系统疾病（如胃炎、胃溃疡）等。这些都与夫妻的生活方式息息相关，也与微生物的关系密不可分。只要夫妻双方互相监督，拒绝不良饮食作息，适当锻炼，就可以远离夫妻病，共享健康。

# 避免宠物危害家人的健康

## 生活实例

"喵！"这只猫咪是上个月吴大爷刚从宠物店买的，当时看着又乖又温顺，心生欢喜，刚好可以和家里五岁的小孙子做个伴，这便将小猫带回了家。其实吴大爷之前就有养猫的想法，只因家里的孩子太小，不敢养。孩子妈妈也不赞成。现在心里想着，小孙子已经五岁了，差不多也可以满足他的小愿望，就去买了一只小猫。又过了一个月，事情有些不对劲。小孙子突然开始发低热，怎么吃药也不见好。脖子上、腹股沟部位的淋巴结像个鹌鹑蛋一样大。后来随着医生的详细问诊，了解病史后，确诊小孙子是"猫抓病"，吴大爷这才意识到和家里养的小猫有关。

什么是猫爪病呢？医生介绍说，猫抓病又称猫爪热，也称变应性淋巴网状细胞增多症，其致病菌为汉塞巴尔通体，主要经与猫密切接触，或被抓、咬后侵入人体引起感染发病，患者以儿童以及青年居多。儿童患者在被抓、咬伤皮肤部位后可出现皮疹、水疱，淋巴结肿以颈部、腋窝多见。成人患者胃肠道症状相对多见，以腹股沟、腋窝淋巴结肿大为主。猫抓病是自限性疾病，肿大淋巴结一般在 2 ~ 4 个月自行消退，但如不及时治疗，可能会进一步出现视网膜炎、心内膜炎甚至脑病等症状。

汉塞巴尔通体是呈多形性、微弯曲的杆状小体，主要以哺乳动物为自然宿主，多存在于猫的口咽部。人类被带菌的猫咬或抓挠就可能感染猫抓病。这种病不具有传染性，但一只猫可能感染多名家庭成员。当

家人被猫抓伤或者咬伤后，要立即用肥皂水清洗，或用碘伏对伤口进行消毒处理。

听到这时，吴大爷有些担心了，养宠物，除了可能得猫抓病之外，还可能会有哪些疾病危害健康呢？针对这些疾病又该如何预防？医生赶紧回答说，有如下几种，养宠物的家庭要切切注意。

（1）皮肤癣菌病：这是由皮肤癣菌引起的皮肤病，主要是通过人和宠物的直接接触进行传播。对于癣菌病的预防，需要对宠物定期体检，一旦发现宠物携带癣菌，尽可能不接触他们，及时将宠物送去治疗。如果感染藓菌，要保持皮肤干燥清洁，病情严重要尽快就医。

（2）狂犬病：这是由狂犬病毒引起的急性致死性传染病，主要通过损伤的皮肤和黏膜侵入。对于爱宠，要定期接种狂犬病疫苗。人被携带狂犬病病毒的动物抓伤、咬伤后，早期可能会有发热头痛，接着会危及神经系统，出现嗜睡、焦躁、意识模糊等症状，可能会有生命危险。人被狗伤后要及时处理伤口并前往医院接种狂犬病疫苗。

（3）鹦鹉热：又称鸟热，由衣原体感染，主要在鸟类之间传播。人类则可能通过呼吸道吸入鸟类排泄物粉尘感染。症状常表现为高热、头痛、肌痛、咳嗽等。鹦鹉热以肺部受损为主要表现，容易误诊。一旦确诊，感染者应及时就医，同时隔离宠物，并将宠物送去治疗。

此外，宠物身上也会携带寄生虫。寄生虫也可感染人类引发疾病，如钩虫病、弓形虫病等。这些寄生虫主要通过粪便中的虫卵和幼虫，经口进入人体，在人体不同部位穿梭游走，引发多种疾病。

因此，主人应及时清理宠物的粪便，定期为宠物驱虫。在与宠物玩耍之后以及吃东西之前一定要洗手，如果发现不适一定要及时就医。

对于宠物主人来说，除了要对宠物做定期体检、驱虫和接种疫苗之外，还要做好家庭环境卫生，定期消杀垫子、毛毯类纺织物以及宠物玩具，这些物品都是微生物滋生的温室。

在与宠物的相处之中要保持距离，做到"亲密有间""宠爱有度"。养宠物的过程中也要去驯养它们，避免伤人。

只有这样，才能在保证健康生活的前提下，享受宠物带来的轻松与乐趣。

# 认识有益微生物

# 人体内的有益菌群会随年龄
# 发生变化吗

## 生活实例

在某些益生菌产品的广告中，我们常常会看到"改善肠道菌群，调节肠道功能"等字眼。同时，市场上还存在不少专为老年人设计的益生菌制剂。这些制剂除了在口感、含糖量等方面做出调整以外，还在益生菌的种类和数量上做出了改进。那么，这些厂家做出此种改进是否科学？人肠道中的有益菌群是否会随年龄发生变化？

研究表明，人体中的有益菌群并非一成不变的。以人体中有益菌群最丰富的肠道菌群为例，人类从出生、成熟再到衰老，肠道菌群都会发生明显的变化。对于刚出生的婴儿来说，影响肠道菌群最直接的因素是生产方式：如果是通过顺产分娩的婴儿，那么其肠道菌群组成结构就会和母亲的肠道菌群更为相似；而采用了剖宫产，那么婴儿皮肤、口腔以及出生时周围环境中的菌群将会率先定植到婴儿肠道中。但是，这种由生产方式不同引起的肠道菌群差异会在婴儿出生后的 4 ~ 12 个月内逐渐缩小。

随着时间的推移，人体肠道菌群的组成会越来越复杂，并逐渐接近成人肠道菌群的结构，这时的肠道菌群变化主要受到食物中营养物质的影响。但人体在生长过程中往往伴随着患病次数以及药物使用量的增加，体内的有益肠道菌群也会受到相应的影响。统计结果显示，人体在进入衰老期之后，肠道中菌群的多

小 贴 士

商品化的益生菌产品固然可在一定程度上改善肠道环境，但是通过良好的生活习惯来维护人体共生微生物的稳态对健康则更为重要。避免吸烟、酗酒，减少食用刺激性食物，合理使用抗菌药物，这些习惯都能有效改善人体共生微生物稳态，促进身体健康。

样性将会下降，具体表现为双歧杆菌、拟杆菌、厚壁菌等细菌的数量和种类会显著下降，而梭杆菌和芽孢杆菌等兼性厌氧细菌的丰度则明显提高。

因此，在饮食中适当增加富含乳杆菌、双歧杆菌等益生菌的食物，可以对肠道健康产生积极作用。

# 有益微生物也可以用来治病吗

## 生活实例

晚饭散过步后，张大爷和刚上小学的小外孙坐在电视机前津津有味地观看中央电视台《新闻联播》节目。其中一条新闻报道称，有多家外卖店铺被查卫生不合格，微生物严重超标，导致多名买家腹泻。张大爷看向身边的小外孙，不由得教育道："乖孙子，听到了吗？还是家里做的饭干净、卫生！在外面吃饭就是不安全，到处微生物超标。"小外孙想吃商场那家外卖已经很久了，听到姥爷这么说，心里有些不开心，闷闷不乐道："要是世界上没有微生物就好了！"正巧张大爷在市里医院当医生的女儿下班回来，听到儿子这番话，笑道，"那可不行！微生物也不全是坏的，可不能'一棒子打死'！你不知道，有的时候微生物还可以治病哩！"

## 人体中也存在"好"微生物

微生物看不见、摸不到，新闻报道中时不时会有微生物超标导致的食品安全事件。然而，微生物也不全是"坏东西"，甚至有些微生物还一直存在于我们的肠道中，帮助我们发酵未被身体消化吸收的食物，合成必需的维生素 B 族和维生素 K，以调节我们的健康。

在某些医疗过程中，微生物也起着重要作用，微生态制剂就是一个很好的例子。微生态制剂是根据微生态学原理，利用对宿主有益的正常微生物或其促进物质制备而成，具有维持或调整微生态平衡、防治疾病和增进宿主健康的作用，我们常听到的益生菌制剂就属于此类。

## 微生物也可以辅助治疗疾病

目前，益生菌在国内外均有应用，尤其是在儿科临床中的应用较为广泛。有研究表明，尽早使用益生菌可以有效改善轮状病毒引起的小儿腹泻，疗效确切。

除腹泻外，益生菌对过敏性疾病也有治疗效果，例如过敏性鼻炎、湿疹、荨麻疹、食物过敏等。过敏性疾病患儿的肠道内本身存在的微生物种群可能出现失调，此时应用乳杆菌、双歧杆菌等益生菌制剂将有正向治疗效果。

益生菌对老年人也有着良好的治疗作用。肺炎患者常出现微生物紊乱、免疫功能下降，益生菌可有效调节肺炎患者的微生物群，改善肺炎患者特别是老年重症患者的肺部功能。

有研究证明，需要呼吸机治疗的老年人与儿童如果在早期加用益生菌治疗，可有效预防呼吸机引起的肺炎，降低感染风险。

同时有多项研究表明，益生菌可降低高胆固醇血症患者的胆固醇水平，改善血糖、血脂水平，进一步降低心血管疾病风险。

益生菌还具有预防胃肠道肿瘤的作用。由于绝大多数微生物都寄居在胃肠道内，益生菌可以通过改善肠道内原本存在的菌群，以达到抑制食物转换为致癌物的作用。

此外，益生菌还可以通过调节免疫系统和调整肠道菌群组成来调控身体中的免疫细胞，起到消炎作用，使致癌物质失活，从而诱导肿瘤细胞"凋亡"。

小　贴　士

益生菌制剂最好的服用时间是在饭后 20 分钟，这个时候胃中胃酸浓度较低，可以让益生菌更加顺利地抵达肠道。

另外需要注意的是，除了布拉酵母、酪酸梭菌和芽孢杆菌制剂，大部分益生菌不可与抗生素同时服用哦！但如果病情需要不能停用抗生素，可在用抗生素后间隔 2 小时以上的时间再服用益生菌制剂。

益生菌制剂最好在专业医生指导下服用，不可长期服用。

# 有益微生物就是益生菌吗

## 生活实例

一个炎热的中午,老王从冰箱里取出前天没吃完的油爆基围虾,准备热一下当作午饭佐餐菜肴。可是,吃完午饭不一会儿,老王和老伴儿的肚子就开始咕咕作响,紧接着,两人就轮流开始跑厕所。俗话说:好汉扛不过三泡稀。半小时后,老王和老伴就被送到了医院急诊科。在一番诊断之后,医生给两位老人家开了一些药,包括双歧杆菌片、蒙脱石散等,并嘱咐他们夏天尽量避免食用隔夜食物,气温高食物容易变质,老人本来抵抗力就比较低,因此更容易患胃肠病。身为一名资深渔友,老王看到手里的双歧杆菌片,又开始洋洋得意地给老伴介绍说:"这个我知道,不就是和我平时在鱼池里加的硝化细菌差不多嘛,都是一种益生菌吧。"真是这样吗?

## 硝化细菌是啥

硝化细菌是一种有益微生物，对宿主、生态系统、环境等具有良性作用。它属于自养型细菌，一般分布于土壤、淡水、海水中，主要是消耗养殖池中存在的有毒物质（主要是氨及亚硝酸），维持养殖池的生态平衡。

通常情况下，水中的各种有机物，包括鱼类尿液和粪便，还有各种残饵和杂物，在异养型细菌的作用下会转化为对鱼体有毒的氨氮等物质。而硝化细菌中的亚硝化菌群可以把氨氮转化为亚硝酸，亚硝酸再和水中的重金属物结合成为了亚硝酸盐，最后再通过硝化细菌把亚硝酸盐转化为硝酸盐，从而实现净化水体环境的作用。

虽然硝化细菌对人体不会造成伤害，但它并不是可以被人类服用的益生菌。

## 益生菌是什么

益生菌是指对人体、动物体有益的细菌或真菌，主要有酵母菌、益生芽孢菌、丁酸梭菌、乳杆菌、双歧杆菌、放线菌等。这些益生菌普遍具有促进营养物质的消化吸收、提高机体免疫力、维持肠道菌群结构平衡、抑制肠道炎症、保护肠道黏膜屏障等作用。

在正常情况下，人和动物的肠道菌群处于一个相对平衡的状态。但是，如果在服用抗生素、放疗、化疗、情绪压抑、缺乏免疫力等时，其平衡状态就会被破坏，进而导致肠道菌群失衡。在这种情况下，某些肠道微生物，如产气荚膜梭菌，就会在肠道中过度增殖，从而损害机体健康。而益生菌可以通过抑制某些有害菌的增殖来调节肠道内菌群平衡，保持肠道健康。双歧杆菌是人们最常听说的一种益生菌。它不仅能有效地抑制人体有害菌的生长，抵抗病原菌的感染，还

小 贴 士

目前我们国家批准使用的益生菌，包括两歧双歧杆菌、婴儿双歧杆菌、长双歧杆菌、短双歧杆菌、青春双歧杆菌、保加利亚乳杆菌、嗜酸乳杆菌、干酪乳杆菌干酪亚种和嗜热链球菌。当然，益生菌虽然具有各种益处，但也不是无所不能，身体出现不适还是需要就医治疗。

能产生醋酸、丙酸等有机酸，刺激肠道蠕动，促进排便，净化肠道环境、刺激人体免疫系统，从而起到提高抗病能力等作用。

因此，益生菌特指对人体或动物有益的微生物，而有益微生物的范围更广，不仅囊括了对人体或者动物有益的微生物，还包括对环境，甚至是整个生态系统有益的微生物。

# 补充益生菌：长期住院患者的好伙伴

## 生活实例

　　王大爷感染了肺炎到医院进行治疗，住院的前几天，他感觉自己的身体一天天变好，可是住院一周后，王大爷突然感觉肚子不舒服，急忙去上厕所，发现自己开始腹泻了。好奇怪，难道是晚上着凉了？于是王大爷找到医生，跟医生说明了自己腹泻的情况。医生听了王大爷的叙述，说道："我给您补充点益生菌试试看吧。"在使用益生菌治疗后，王大爷的腹泻问题就解决了。那么究竟是什么原因导致了王大爷的腹泻呢？为什么使用益生菌之后腹泻症状就有所缓解了呢？

　　肺炎治疗常常需要连续使用抗生素 7 ～ 10 天，而长期使用抗生素可能引起肠道内固有的菌群失调，从而导致出现腹泻的症状，这种腹泻我们通常称为

"抗生素相关性腹泻"。老年人群因为自身免疫力下降、器官功能减退，患各种感染性疾病的概率较高，所以可能会经常接触抗生素，是抗生素相关性腹泻的高发人群。

## 长期住院会对人体肠道造成什么影响

胃肠道是人体和肠道菌群互利共生的重要场所。正常情况下，健康人类肠道中有 1 000 ～ 1 150 种细菌，总数约有 100 万亿个，可以分为有益菌、有害菌和中性菌。随着年龄的增长，肠道内的有益菌，如双歧杆菌属、乳杆菌属等细菌，会有不同程度的减少，肠道环境会变得脆弱，同时老年人胃肠黏膜老化、供血不足，其混合感染时病情通常较重，常使用多种抗生素联合治疗，因此住院老年人菌群失调的可能性更大。

除抗生素的影响外，还有很多其他原因可能造成肠道菌群紊乱，产生一系列的并发症。如突然摄入过量生冷、辛辣、油腻的食物；免疫力下降；长期情绪低落，精神差；其他疾病等。住院老年人还常常伴有高血压、冠心病等多种基础病，腹泻严重时，可能会导致水电解质紊乱及肠功能的衰竭，并由此引起心、脑、肾等相应的器官功能受损伤。在这种情况下，适量补充益生菌可以达到"以菌治菌，以菌抑菌"的效果，有效缓解胃肠症状。

**适当补充益生菌可以消除长期住院引起的肠道菌群紊乱**

如果按照合理的剂量使用，益生菌可以对人体产生多种有益作用。益生菌可以加快肠道蠕动，改善便秘；帮助人体合成某些必需维生素，如维生素 K、维生素 B；促进食物更好地被消化吸收，从而改善消化不良的问题；抑制有害细菌的生长，使肠道内环境更加健康，缓解部分人饮用牛奶后出现的腹胀、腹痛、腹泻等乳糖不耐受的症状。

目前常用的益生菌有两大类，一类是单独使用的益生菌，有乳杆菌属、双歧杆菌属、地衣芽孢杆菌、

小 贴 士

老年人如果长期住院，并且使用抗生素，一旦出现肠道菌群紊乱的情况，可请医生及时根据病情使用益生菌制剂进行辅助治疗。

粪肠球菌、屎肠球菌；另一类是复合菌株制剂，如双歧三联活菌，该制剂包含有长型双歧杆菌、嗜酸乳杆菌和粪肠球菌，是我国临床应用较为广泛的益生菌制剂。对于长期住院的老人来说，补充益生菌可以促进有益菌在肠道定植，保证肠道内有益菌处于较高水平，提升免疫力。由此可见，益生菌是老年人在长期住院时的好伙伴。

# 双歧杆菌微生态制剂有什么功效

## 生活实例

　　我国广西壮族自治区巴马县是世界著名的长寿之乡。根据第五次（2000年）全国人口普查结果，广西巴马县有74位百岁老寿星；百岁长寿率从1960年的18.6/10万人增长到2000年的31/10万人。经过研究人员调查研究证实，健康长寿老人的肠道中双歧杆菌的含量较高。

无独有偶，日本的研究者对日本长寿地区山梨县长寿老人肠道菌群进行了研究，并与东京的老人进行了对比，结果显示，长寿地区老人肠道中双歧杆菌的数量也较多。

## 什么是双歧杆菌

双歧杆菌是一类非运动的、严格厌氧的、不产芽孢的革兰阳性细菌，属于放线菌门、放线菌纲、双歧杆菌目、双歧杆菌科、双歧杆菌属，菌体通常呈现分叉或多重分支的棒状形态。

双歧杆菌最早由法国著名的巴斯德研究所 Tisser 博士在 1899 年从母乳喂养的婴儿粪便中分离鉴定出。到目前共发现了 82 个种和 12 个亚种，是人体肠道正常菌群的重要成员，也是最早定植于人体肠道的微生物之一。

人体肠道中典型的双歧杆菌包括青春双歧杆菌、链状双歧杆菌、假小链双歧杆菌、短双歧杆菌、长双歧杆菌、动物双歧杆菌、两歧双歧杆菌等。

## 双歧杆菌对人类有哪些益生作用

人体肠道中特定的双歧杆菌具有促进人体健康的益生作用，因此在发酵乳制品与保健食品的生产中，一些双歧杆菌菌株被开发为益生菌等微生态制剂。所谓微生态制剂，就是利用正常微生物或促微生物生长物质制成的活的微生物制剂。

首先，双歧杆菌可以改善老年人的机体功能失调。目前有关老年人微生态制剂摄入干预试验的结果显示，微生态制剂对老年人机体功能失调有一定的改善作用。

目前市面上的酸奶大多使用双歧杆菌进行发酵，从而达到益生保健效果。

双歧杆菌更多地被运用于微生态制剂和合生元制剂，主要用于治疗肠道菌群失调相关的腹泻、便秘和消化不良。

但是，我们不能随意使用这些微生物制剂，而是应该根据医嘱使用。

双歧杆菌会与有害菌竞争生存空间，阻止有害菌定植。双歧杆菌的细胞壁可以与肠黏膜上皮细胞特异性结合，形成生物学屏障，阻止致病菌定植和入侵，从而达到调节肠道菌群，改善菌群失衡的效果。

其次，双歧杆菌可以调节免疫系统，降低体内炎症水平，从而降低因炎症造成的器官或组织损伤。同时可以分泌抑菌物质刺激免疫系统，增强免疫功能，提高自然杀伤细胞和巨噬细胞活性。这些免疫细胞活性的增加，就相当于增强了身体的防卫力量，这样在致病菌等外敌入侵时，可以更好地保护人体免受致病菌等侵扰。

最后，双歧杆菌可以把食物中的纤维素、果胶等分解成短链脂肪酸，它们可以促进肠道蠕动，缩短排便时间，增加排便次数，改善便秘。

与成年人比较，老年人群肠道微生态稳定性下降，这与益生菌比例下降、致病菌比例上升有关。

因此，在医生的建议下，使用双歧杆菌微生物制剂能在一定程度上改善老年人的肠道菌群结构，平衡，阻止有害病菌侵袭，增强人体免疫力等。

# 哪些食物有益于肠道微生物平衡

## 生活实例

又听见冲马桶的声音，王大爷满脸苍白地从卫生间出来。"老伴儿，你这是怎么了？我看你最近几天老是拉肚子啊！"李大妈问道。王大爷说："我也不知道啊！咱们还是去趟医院吧。"到了医院消化科，经过医生问诊和一系列检查，王大爷最终被诊断为肠道菌群失调症。医生进行对症治疗后还对王大爷和李大妈说，要注意饮食习惯的调整。那么什么是肠道菌群失调症？选择哪些食物有益于肠道微生物平衡呢？

在健康人的胃肠道内，寄居着种类繁多的微生物。这些微生物被称为肠道菌群。肠道菌群按一定的比例组合。各微生物之间互相制约，互相依存，在质和量上形成一种生态平衡。一旦机体内外环境发生变化，引起菌群失调，其正常生理组合就会被破坏而产生病理性组合，引起临床症状就称为肠道菌群失调症。

那么，选择哪些食物有益于肠道微生物健康呢？

（1）富含膳食纤维的食物，如红豆、绿豆等粗杂粮，木耳、海带、裙带菜、口蘑等菌藻类食物也同样含有丰富的膳食纤维。膳食纤维可以促进肠胃蠕动，加快粪便排泄速度。虽然不溶性膳食纤维不会被人体吸收，但可以达到润肠通便的效果。膳食纤维还是益生菌的"偏爱"。人体中最重要的益生菌就是乳杆菌，这类菌善于分解食物中的膳食纤维以及寡聚糖，且其分解产物都是对肠道有益的。来自蔬菜、豆类、坚果、水果等植物性食物中的可溶性膳食纤维，可作为很多肠道细菌的食物，可促进益生菌生长。肠道是一个营养需求量很高的系统，其中很多营养元素可以从蔬菜水果里面获得。所以每天吃蔬菜和水果，实际上就是在调理肠胃的"生态平衡"。

（2）富含益生菌的食物，如酸奶，有助于平衡肠道菌群，维持肠道健康。酸奶和牛奶的营养价值差不多，但酸奶更有优势。因为酸奶经过发酵处理后，牛奶中的乳糖会分解为半乳糖和葡萄糖等，其中还有大量的益生菌。益生菌可以用来改善肠道微生态平衡，

它还能在一定程度上提高肠胃的代谢速度，对炎症性肠胃病患者十分有益。但大家也要警惕，虽然益生菌有益，但不要私自购买益生菌制剂，应在医生指导下服用。

（3）添加了益生元的食品，如添加了适量低聚果糖、低聚糖等益生元的早餐谷物或乳制品。益生元可以有效促进肠道内双歧杆菌的繁殖和生长，进而改善肠道微生态环境。

（4）发酵食品，如腐乳，其营养价值高，经过发酵处理后，其蛋白质含量会增加，而抑制肠胃吸收营养的植酸则会被破坏，从而更有利于肠胃工作。发酵食品中通常包含有多种细菌，有利于维持肠道菌群的多样性。

（5）富含果胶的食物，苹果、山楂、香蕉等。这些水果中富含的果胶是一种非淀粉多糖，可以为肠道中的有益菌提供能量，促进有益菌的繁殖和生长。此外，分解后的果胶产生短链脂肪酸，能够抑制有害菌的生长。

总而言之，肠道的菌群关系着身体的健康。如果肠道菌群遭到破坏，身体容易出现各种病症，自身的免疫力也会降低。

小 贴 士

　　我们应该多吃蔬菜瓜果类食物，饮食均衡，搭配得当，养成细嚼慢咽的习惯。保持规律的作息时间，并进行适量运动。这些都有益于肠道微生物平衡。

# 肠道微生物可影响人们的情绪

## 生活实例

老李因为长期的胃痛、腹胀去医院看病。医生诊断为胃炎。老李仔细地翻看这些药的说明书，发现里面竟然有一种药是治疗抑郁症的。老李问医生是不是开错药了。医生解释道："精神状态和情绪跟肠道微生物是互相影响的，简单来说就是，糟糕的肠胃会导致焦虑和抑郁，情绪问题也会导致肠道微生物失衡。说大一些就是，人体微生物平衡有益身心健康。"那么肠道微生物是如何影响我们的情绪乃至精神健康的呢？

微生物与人类生活密切相关，多数微生物对人体是无害的。实际上，人体的外表面（如皮肤）和内表面（如肠道）生活着很多正常、有益的菌群。它们占据这些表面并产生天然的抗生素，抑制有害微生物的定植与生长；它们也协助吸收或产生一些人体必需的营养物质，如维生素和氨基酸。正常条件下，微生态系统中的微生物与微生物、微生物与宿主，以及微生物与环境之间处于稳定、有效的平衡状态，这就是微生态平衡。微生态平衡是在自然条件下，通过长期进化形成的生理性动态平衡。

研究发现，人类的肠道内有非常多的神经元。这些神经元的数量与大脑相当。肠道神经元与大脑神经元所使用的神经递质和代谢通路几乎是一致的。从肠道神经元到大脑神经元有着频繁的通信。这种通信比从大脑到肠道的信息交流还要多。学术界认为肠道和大脑之间形成了一条"菌 - 肠 - 脑轴"，它们两者之间主要通过内分泌途径、神经途径、免疫途径和代谢途径相互影响。多项研究表明，肠道菌群在调节焦虑情绪、认知和疼痛方面发挥着重要作用。事实上，我们的肠道菌群已经涉及所有的疾病状态，包括肥胖、糖尿病、癌症、心脏病、哮喘、过敏、抑郁症、自闭症、老年认知障碍等。

服用抗生素、药物或不健康的食物会引起肠道微生物的改变。一些病原菌大量出现后，会破坏肠道的屏障功能，进入血液系统、免疫系统和神经系统，最终影响大脑的正常工作，引发应激反应，甚至出现焦虑和抑郁。而在中枢系统疾病影响下，肠道微生物种群数量也会发生改变，从而使肠道菌群的组成和分布受到影响。

WHO 的认知衰退与痴呆风险指南及高血压风险因素分析都明确了其与饮食、肠道功能有密切关系。国际上已经有利用肠道菌群来预防和治疗相关疾病的先例。

相关研究还表明，肠道菌群与大脑同步发育。在发育的过程中，如果儿童肠道菌群的发育出现异常的话，其大脑的发育自然也会受到影响，进而各种各样的精神疾患也有可能出现。这种情况主要出现在 3 岁之前，但持续到 6 岁甚至成年阶段。妈妈的生育年

小 贴 士

注意饮食，少吃精加工食品。合理用药，尤其是抗生素。保持规律作息，多到户外活动，多接触大自然。保持心情愉悦有利于身心的健康。

龄、生活习惯、饮食习惯和健康状况都会影响儿童肠道微生物和大脑的发育。剖宫产、奶粉喂养、过多洗澡和过早使用抗生素，也会影响婴儿肠道微生物的发育。

# 保加利亚人长寿的秘诀：酸奶

## 生活实例

前段时间，老马退休后应邀赴保加利亚参加研讨会。在那里，他品尝了当地各种美食，令他印象最深刻的是保加利亚的酸奶。保加利亚人不仅喜爱吃酸奶，还经常将酸奶做成各式菜肴或甜点，比如酸奶黄瓜汤、酸奶冰淇淋等。对于当地的酸奶文化，老马特别感兴趣。研讨会结束后他查阅了许多资料，发现保加利亚人还是世界上有名的长寿人群。有研究统计，保加利亚的百岁老人比例在世界范围内位居前列。同时也发现，保加利亚是全世界酸奶消费量最多的国家，人均每月消费 28 千克酸奶。科学研究也发现，保加利亚人的长寿与喜爱食用酸奶有着一定的关系。

## 酸奶里究竟蕴藏着什么秘密

酸奶作为食物已有超过 4000 余年的历史。古代游牧民族习惯用羊皮袋储存牛奶，当牛奶中的微生物在适宜温度下自然发酵后，便形成了早期的酸奶。科学家们发现酸奶的发酵离不开多种乳杆菌的作用，例如保加利亚乳杆菌、嗜热链球菌、干酪乳杆菌、嗜酸乳杆菌、双歧杆菌等。

保加利亚乳杆菌是现代酸奶中不可缺少的重要组成部分，它是由保加利亚医学家格里戈罗夫经过多次实验后发现的。

保加利亚乳杆菌又被称为德氏乳杆菌保加利亚亚种，属于厚壁菌门芽孢杆菌纲乳杆菌目的成员，是一种兼性厌氧细菌，在有氧环境下发育不良，其适宜的生长温度为 44 ～ 45℃，且当温度低于 15℃时停止生长。因此，活菌酸奶制品需低温保存。

## 酸奶的长寿作用

我国的酸奶制品主要分为酸乳、发酵乳、风味酸乳、风味发酵乳四大类。科学研究表明，酸奶比牛奶的营养价值更高。这是因为乳杆菌能够将牛奶中的乳糖分解为更易于吸收的半乳糖和葡萄糖，有利于缺少乳糖酶基因的人群对牛奶中乳糖的消化吸收，并减少饮用牛奶后引起的腹胀、腹泻等问题。同时，乳杆菌能将牛奶中的乳蛋白转化为蛋白质肽、氨基酸等小分子，大大提高人体对牛奶中营养物质的吸收效率。此外，饮用酸奶还能够提高对于钙、磷、铁等微量元素的利用率。

长期食用酸奶能有效提高人体健康水平。酸奶中的活菌成分能通过发酵产生乳酸、乙酸、过氧化氢等具有杀菌作用的物质，从而能够在一定程度上调节肠道菌群的平衡，抑制有害致病菌的繁殖。同时，喝酸奶对便秘也有一定的辅助治疗作用，可以改善便秘导致的腹痛、腹胀，以及肛门排气增多的现象，降低由于长期便秘诱发的肛周疾病（如肛裂、脱肛、直肠癌等疾病）的风险。

此外，流行病学研究结果显示，食用发酵食品能降低人们患 2 型糖尿病、代谢综合征以及心脏病等疾病的风险。近年来，科学家们还发现保加利亚杆菌能够将亚油酸转化为共轭亚油酸，后者具有抗癌、抗糖尿病、抗动脉粥样硬化、抗骨质疏松和免疫系统刺激等方面的功效。

当然，食用酸奶并不是长寿的决定因素，对于长寿来说，最重要的是保持乐观的心态和良好的生活习惯。

选择酸奶时，要留意活菌酸奶和酸奶风味饮料是有区别的。活菌酸奶是动物乳汁经乳杆菌发酵而成，而酸奶风味饮料多是由生乳、鲜乳、还原乳杀菌后降温，接种乳杆菌使其发酵后，加入香料、甜味剂、胶、稳定剂、水，接着过滤而成的"浓稠发酵乳"，蛋白质含量远低于活菌酸奶。常温保存的酸奶多数情况下是对细菌经过了灭活处理。更重要的是，再好的东西也要适量食用，过量饮用酸奶反而会对身体造成其他的危害。

# 青霉素：微生物史上的伟大发现

## 生活实例

二战时期，一名士兵在战场上不小心刮伤了手，本来以为是很轻微的伤口，没想到发生了感染，导致败血症、高热不退。即使使用了磺胺类药物也毫无起色。就在大家以为他已经无药可救时，医生提议说使用新药看看能否有作用。就这样他们在这位士兵身上使用了新药，每隔 3 小时注射一次。用药 24 小时后，士兵的病情便出现了好转，也开始有了进食的欲望。这种新药就是青霉素（盘尼西林），它是怎么发现的呢？为什么会有这么神奇的疗效？

青霉素是一种 $\beta-$ 内酰胺类抗生素，能够通过破坏细菌的细胞壁并在细菌细胞繁殖期起到杀菌作用，是人类历史上发现的第一种抗生素。在青霉素使用之前，人们一直深受细菌感染的困扰，感染后一旦病情加重，如发生了败血症，可能就面临着生命危险。无疑青霉素的发现拯救了无数人的生命。

青霉素的首次报道要追溯到 1928 年。英国医生弗莱明在研究金黄色葡萄球菌时，一个培养皿中偶然污染了青霉菌，这本来是一件非常平常的事情，许多研究者可能会随手将其扔掉，但细心的弗莱明将培养皿放在了显微镜下观察，这一观察开启了人类医学史上的伟大飞跃。

弗莱明在显微镜下观察到青霉菌周围的葡萄球菌菌落被明显溶解，形成一圈"无菌区"。于是他从污染的培养基中刮取了一些青霉菌接种到无菌琼脂培养基和肉汤培养基中，他发现在肉汤培养基中青霉菌快速增长并形成了一个个的青绿色霉团。

在随后的研究中他有意识地将这些青霉菌与金黄色葡萄球菌放在一起培养。他观察到这种青霉菌对金黄色葡萄球菌有着很好的裂解作用，同时他发现过滤除菌后的青霉菌培养液也具有良好的杀菌作用。

由此，他推断能够杀灭细菌的真正物质是青霉菌生长过程中产生的代谢产物，这一物质后来被命名为青霉素。

但非常可惜的是由于青霉素的提取非常困难，导致在接下来的 10 年对青霉素的研究都没有得到进一步的发展。

直到 1938 年，出生在澳大利亚的英国病理学家弗洛里在对已知微生物产生抗性物质进行系统性研究时偶然间读到了弗莱明曾经发表的论文，青霉素才引起了他的关注。

他认为青霉素可能会是人类历史上的一次伟大发现。于是他便和德国生物化学家钱恩决定继续对青霉素进行研究。他们对青霉素培养液中的活性物质进行了提取和纯化，最终在 1941 年得到了可以满足人体肌内注射的黄色粉末状青霉素，并在人体试验中发现其具有良好的抗菌效果。

但不幸的是由于没有足够多的药物，不少患者最终不治身亡，于是又迎来了新的难题——青霉素的量产。当时英国的药厂均以战时困难而拒绝了将青霉素投入生产，因此直到 1944 年青霉素才在美国得到了量产。

由于青霉素具有抗菌谱广、生物活性稳定、毒性低并易于使用而受到广泛应用。青霉素应用后，那些曾经严重危及人类生命的疾病，如猩红热、肺炎、脑膜炎、白喉、梅毒等，都得到了有效的控制。同时，由于青霉素的发现，研究者们看到了使用抗菌物质杀灭人类体内致病菌的前景。

从那以后，专家学者开始了各种抗菌物质的研究。在此后的近 20 年，链霉素（1943 年）、氯霉素（1947 年）、金霉素（1948 年）、土霉素（1950 年）、四环素（1953 年）以及卡那霉素和庆大霉素等数十种抗生素相继被发现，开启了人类医学史上抗生素的黄金时代。

小 贴 士

虽然青霉素毒性很低，但仍有少数人会出现过敏现象，因此在首次使用青霉素时一定要记得做皮试。

同时，抗生素虽然可以用于治疗感染，但也需根据医生指导进行使用，要防止抗生素滥用。

# 新兴噬菌体鸡尾酒疗法是怎么回事

## 生活实例

　　小区凉亭里杨大爷和姜大爷正在聊天，姜大爷说："老杨啊，上次咱们小区科普讲座中专家提到了超级细菌，你别说，我这两天还真听说了一种细菌的天敌——噬菌体，是可以吃掉细菌的病毒！听说科学家们正研究'噬菌体鸡尾酒疗法'来对抗超级细菌！"杨大爷有点懵："什么？什么是噬菌体？还可以对抗超级细菌？噬菌体鸡尾酒疗法又是怎么回事？走，咱们去小区医务室找与咱们签约的家庭医生——陈医生。"在医务室，陈医生热情接待了姜大爷和杨大爷，查了查资料，就滔滔不绝地介绍起噬菌体来。

　　首先，噬菌体是一类可以对抗细菌的病毒，噬菌体必须在活菌内寄生，具有严格的宿主特异性，可以引起宿主菌的裂解，故得名噬菌体。借助这一特性，噬菌体可在细菌中大量生长繁殖，导致细菌裂解死亡，减少或避免细菌感染或发病的机会，达到治疗和预防疾病的目的，即噬菌体疗法。该方法除广泛应用于兽医、农业和食品微生物学等领域细菌性感染疾病的预防和治疗外，也已经用于被广泛耐药菌即"超级细菌"感染患者的抗菌治疗。

　　噬菌体分布极广，凡是有细菌的场所，就可能有相应噬菌体的存在。在人和动物的排泄物或污染的井

水、河水中，常含有肠道菌群的噬菌体。在土壤中，可找到土壤中细菌的噬菌体。

关于噬菌体鸡尾酒疗法的兴起，先给大家讲一个故事。

有一个英国小女孩，名叫伊莎贝拉，出生时便患上了肺囊性纤维化病，这是一种能够导致肺部感染和呼吸障碍的遗传学疾病。这种病导致她的肺部极易感染，在她 11 个月大时，不幸感染了非结核分枝杆菌，自此，抗生素就成了伊莎贝拉的生活必需品。但这种细菌一直在她体内停留，久而久之，这种细菌均产生了抗生素耐药性，很难治愈。反复的细菌感染、众多抗生素耐药，仿佛将伊莎贝拉逼进了死角。但天无绝人之路，英国伦敦大奥蒙德街儿童医院的医生给伊莎贝拉尝试了噬菌体疗法，这种治疗策略可以喻为"敌人的敌人就是朋友"。

顾名思义，噬菌体是一种能够杀死细菌的病毒。这种病毒天然存在，可以感染细菌将病毒 DNA 注入细菌中，并大量繁殖，直到最终细菌破裂死掉，但不影响人体细胞。通过噬菌体库藏的筛选和培养，找出可以对抗伊莎贝拉已感染细菌的三种噬菌体组合，并确定将通过这三种噬菌体的鸡尾酒式组合进行治疗。医生每天两次给伊莎贝拉静脉注射这种噬菌体鸡尾酒式组合，效果立竿见影，伊莎贝拉的感染灶立刻得到控制。后来伊莎贝拉又进行添加了第四种噬菌体的鸡尾酒式组合注射以彻底清除分枝杆菌的感染与定植。

其实，鉴于噬菌体的天然对抗细菌的属性，科学家很早就想到了利用噬菌体来对抗病菌，只是抗生素的发现延迟了噬菌体领域的研究，毕竟抗生素使用方便且更有效。但如今超级耐药细菌的出现，让噬菌体疗法有机会东山再起。今天的这种噬菌体鸡尾酒式组

小　贴　士

"敌人的敌人就是朋友！"在部分超级耐药细菌猖獗横行的今天，噬菌体疗法的东山再起有望成为耐药菌的有效治疗方法。

目前上海噬菌体与耐药研究所（2017年）、超级细菌治疗科（2020年）已经在上海市（复旦大学附属）公共卫生临床中心成立，将有力提升上海乃至国内对抗感染性疾病的医疗能力。

合相当于抗生素，只是在应用中要复杂得多。与广谱的抗生素不同，噬菌体特异性很高，这就意味着对某位患者的病菌有效，很可能对携带该病菌变种的另一位患者无效。

如此一来，就需要针对患者感染情况来精确匹配噬菌体，给每个患者找到合适的噬菌体将会是巨大的挑战。科学家希望未来能通过对噬菌体库藏进行自动搜索来进行个性化治疗。

身边的微生物

"60岁开始读"科普教育丛书

警惕病原微生物

# 身边常见病原微生物有哪些

## 生活实例

仲夏时节，吃过晚饭，正值太阳下山，幸福小区的大爷大妈们纷纷带着蒲扇、小板凳下楼乘凉聊天。正聊着晚饭吃些啥，张大妈皱着眉头说："昨天下午小区的科普讲座，你们听懂了吗？那位医生讲的要远离病原微生物，我没听懂，什么是病原微生物？常存在于我们身边的病原微生物都有哪些呢？"张大爷赶紧说："这要问咱们的邻居李主任哦，他退休前是医院里的医生啊。来李主任，快给大家再讲一讲！"胖胖的李主任就开讲了，不时地掀起一阵哄笑声。

实际上，人类生活的环境、人类和动物的体表，以及与外界相通的腔道（口、鼻、咽部和肠道等）均存在着多种微生物。根据病原微生物的结构特点、生存特征和化学组成的不同，大致可分为三种类型：非细胞型病原微生物、原核细胞型病原微生物、真核细胞型病原微生物。

非细胞型微生物没有细胞结构，必须在活的宿主细胞内才能生长繁殖，比如新冠病毒就属于非细胞性微生物，这类微生物是引发人类多种疾病的重要病原微生物。常见的有肝炎病毒、流感病毒、诺如病毒、轮状病毒、艾滋病病毒等。病毒感染性疾病传染性强，传播迅速，流行广泛，病死率高或留有后遗症。

原核细胞型微生物由单个细胞组成，包括细菌和非典型病原体，如引起扁桃体炎的化脓链球菌、导致尿路感染的大肠埃希菌、导致急性肠胃炎 / 食物中毒的肠道沙门菌、导致肺部感染的肺炎克雷伯菌、导致

小 贴 士

面对病原微生物，我们需要重视，但也不必恐慌。只要加强体育锻炼，提高免疫力；讲究个人卫生，饭前便后要洗手，做好物品消毒措施，就能阻断病原微生物传播。

慢性胃炎 / 消化性溃疡的幽门螺杆菌、导致结核病的结核分枝杆菌、导致麻风病的麻风分枝杆菌、导致破伤风的破伤风梭菌、导致社区获得性肺炎的肺炎支原体和引发梅毒的梅毒螺旋体等。

　　真核细胞型微生物最常见的当属真菌。说起真菌，大家可能第一个想到的是食物腐烂长出的霉斑。真菌分布广泛、种类繁多，许多真菌引起的疾病可累及机体多个系统，如侵犯皮肤、毛发、指甲等的皮肤癣菌，侵犯肺、脑及脑膜的隐球菌等。

# 病原微生物是如何
# 危害身体健康的

## 生活实例

　　张大妈病好后，带着孙女笑笑来到楼下公园散步，到健身点锻炼身体。碰巧遇上了同样下楼锻炼身体的李大妈，便攀谈起来："哎哟，老李啊！你是不知道，我可被这次的病害惨了！我是又发热，又腹痛，差点晕倒在厕所里！医生说我这是细菌感染导致的细菌性痢疾，可真吓人啊！"李大妈回应："哎呀，老张啊，你可长点心吧，你这是细菌感染性疾病，可不是小事情！"看到这里，大家可能会疑问，细菌等病原微生物感染这么严重吗？它们是如何危害人类身体健康的？

说起病原微生物的致病机制，就以张大妈所患细菌性痢疾为例吧。细菌性痢疾由志贺菌感染引起。首先，志贺菌借助菌毛黏附于肠黏膜上皮细胞并穿入细胞内生长繁殖，引起机体炎症反应；同时，志贺菌可产生强烈的内毒素作用于肠黏膜使细胞通透性升高，促进对内毒素的吸收导致患者出现发热、神志不清、中毒性休克等一系列中毒症状。同样通过产生内毒素致病的还有产生肠毒素导致伤寒／副伤寒的沙门菌属，产生霍乱毒素引起严重腹泻、呕吐的霍乱弧菌，产生破伤风痉挛毒素导致骨骼肌痉挛收缩、呼吸困难的破伤风梭菌，产生肉毒毒素导致肌肉弛缓性麻痹的肉毒梭菌等。

除了产生毒素，部分病原微生物本身的结构成分也可发挥致病作用。例如，革兰阴性菌细胞壁外膜中的脂多糖组分可以刺激机体免疫反应、激活并释放大量细胞因子，引起局部或全身的病理生理反应，如发热、白细胞升高，严重者可发生休克、弥散性血管内凝血。

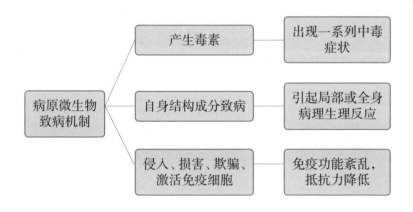

此外，病原微生物还可以通过侵入、损害免疫细胞（如 HIV 感染）；产生荚膜包裹菌体抗原，以致不被人体免疫系统识别，实现免疫逃逸。还可以通过细菌表面超抗原和脂多糖激活多种免疫细胞和细胞因子，导致机体免疫功能紊乱，降低机体对病原微生物的抵抗力。如沙门菌属可以通过细胞表面抗原成分的保护避免被小肠上皮细胞吞噬，从而使细菌可以不断生长繁殖。虽然人体各种黏膜表面的黏液分泌、流动和黏膜上皮细胞的脱落对细菌具有机械清除作用，但细菌可以通过产生黏附因子增强病原微生物黏附至宿主细胞表面的能力。如幽门螺杆菌可以借助其菌体内脲酶分解尿素来改变胃内局部的强酸性环境，以利于其定植于胃黏膜下层。

以上多种致病机制共同作用，启动多种免疫逃逸机制，帮助病原微生物在侵入人体后迅速生长繁殖并释放大量毒素破坏机体各种脏器功能，从而引发人体各系统疾病。

小 贴 士

病原微生物的致病机制千变万化，但是宿主的免疫防御系统是决定病原微生物能否致病的一个重要因素。

因此，抵御各种病原微生物的入侵，需要从增强体质、提高自身免疫力、讲究个人卫生和环境卫生做起！

# 超级细菌和抗生素耐药性
# 是怎么出现的

## 生活实例

　　张大妈感染细菌性痢疾后，切身感受到病原微生物每时每刻都存在于我们身边。但同小区的同事姜大爷却表现得满不在乎，说道："这有啥的？细菌感染了怕啥，有抗生素啊！一有个头疼脑热的，就让我女儿去给我买什么阿莫西林、红霉素，一吃就管用！"听到这，前一段时间因患肺炎住院的杨大爷坐不住了，说道："老姜啊，你这可就大错特错了，你是不知道我这次住院就碰上了超级细菌啊，是啥抗生素都不好使啊！最后用上了又贵又难买的进口药，才转危为安啊！"听到这，姜大爷迷糊了，什么是超级细菌？抗生素怎么都不管用了呢？耐药性是怎么出现的？

实际上，超级细菌，更准确地说，应称它为多重耐药细菌，前文中已提到过，是指对多种抗生素耐药的细菌。自抗生素问世以来，细菌的耐药性便一直存在着，因为优胜劣汰是适用于自然界所有物种的生存法则。

但近几十年来，随着抗生素的广泛使用甚至滥用，给细菌制造了严峻的生存压力，同时也筛选出适应能力极强的细菌。细菌可以通过遗传物质和结构组分的改变，逐步发展为多重耐药菌、广泛耐药菌或全耐药菌。

超级耐药细菌可以同时携带多种耐药基因，这种耐药基因不仅可以通过垂直传播转移给下一代细菌，还可以通过水平传播在不同细菌间转移。

在细菌获得耐药性后，其侵袭力、毒力无变化，不会改变自身致病性；但就是因为获得了耐药基因，导致对常用的抗生素均耐药，各方面临着无药可用的窘境，使得感染者的病死率大幅增加，而且病程和治疗时间都会显著延长，大幅增加治疗成本。

目前每年有超过 100 万人因感染各种耐药菌而死亡，世界卫生组织警示：如果这个情况得不到有效控制，那么到 2050 年，全球每年因感染耐药菌而死亡的人数将飙升至 1 000 万!

就以大家最熟悉的青霉素举例,自 1928 年发现青霉素并应用于临床治疗细菌性感染病以来,就开始伴随着耐药细菌的出现。一旦细菌携带了抵抗青霉素的耐药基因,青霉素就不能有效治疗该细菌感染所致的疾病。

为应对细菌耐药性,科学家们只能不断研发新的抗生素。于是,氨基糖苷类药物、头孢菌素、氟喹诺酮类、$\beta-$ 内酰胺类 $/\beta-$ 内酰胺酶抑制剂复方制剂和碳青霉烯类抗菌药物相继问世,用以治疗各种阶段出现的耐药细菌所致的感染。但是,细菌也不是吃素的。

很快,针对新抗菌药物的耐药基因出现了,并在众多病原菌间广泛传播。如能破坏广谱头孢菌素抗菌活性的超广谱 $\beta-$ 内酰胺酶和 $\Lambda mpC$ 酶,能破坏氨基糖苷类药物抗菌活性的氨基糖苷乙酰化酶和甲基化酶,能破坏碳青霉烯类药物抗菌活性的碳青霉烯酶等。一时间,耐药细菌引起的感染再次陷入无药可用的尴尬局面。

近十年来,随着碳青霉烯类抗生素的广泛使用,针对这种抗生素的耐药基因也出现了,就是我们目前熟知的超级耐药细菌。超级耐药细菌由于对绝大多数抗菌药物均耐药，其所致感染无药可用。为挽救患者的生命，临床医生只能尝试使用昂贵、副作用更大但有效的抗菌药物，为患者带来沉重的经济负担。

大家会问，细菌为什么这么快就会产生抗生素耐药性呢？

其实，这个问题的答案就存在我们的身边。一感冒发热就带去医院打抗生素的孩子，不管是不是细菌感染就去药店／医院开抗生素的大人们、使用抗生素饲料喂养牲畜等，就这样，人类长期接触抗生素，细菌就逐渐地产生了对抗生素的耐药性。

因此，我们每一个人都必须深刻意识到抗生素耐药性问题，坚决不能再滥用抗生素！

小 贴 士

为了遏制细菌耐药，广大群众需自主加强医学常识的学习，患病积极就医，严格遵循医嘱，在医生的指导下科学使用抗生素，切记不可擅自用药！

# 你听说过抗生素相关性腹泻吗

## 生活实例

小区内退休教师杨大爷上个月患肺炎，不幸感染了超级细菌，医生尝试了多种常用抗生素均无效，最后迫不得已使用昂贵的进口抗生素才转危为安。折腾了一个月，回家休养，可到家几周，困扰杨大爷的新问题又出现了。到家后，杨大爷开始频繁腹泻，心想：这回到家也没吃啥不卫生的东西啊？而且饮食也很清淡，这是怎么回事呢？难道是之前的感染没好利索？在老伴的劝说下，杨大爷在子女的陪伴下赶紧来到了医院感染科门诊。

感染科程大夫看着杨大爷的病历，便问："杨大爷，您这不是肺炎刚治好了，咋又来医院了？"杨大爷苦不堪言："哎哟，程大夫，我这回家没几周，就开

始拉肚子，一天能拉好几次，实在撑不住呀。我心想也没吃啥不卫生的东西，可就是天天都这样！程大夫，你说我这是咋了？"

程大夫快速浏览杨大爷的抗生素用药史，结合杨大爷出现频繁腹泻的时机，解答道："杨大爷，您这大概率是抗生素相关性腹泻啊！"杨大爷疑惑地问道："什么是抗生素相关性腹泻？我这情况严重吗？"

程大夫回答："抗生素相关性腹泻就是在应用抗生素后发生的与抗生素有关的腹泻。儿童和老年人都是抗生素腹泻发生的高危人群。对于老年患者来说呢，全身器官均有不同程度的退行性变化，胃肠动力不足；当长期受到抗生素刺激后，胃肠黏膜被破坏，功能进一步减弱。胃肠功能障碍本身便降低了患者的营养吸收能力，营养缺失更不利于受损黏膜组织的修复和免疫功能的恢复，这就形成了一个恶性循环。一般抗生素相关性腹泻就出现在停用抗生素后的几周内出现，这也符合您在治疗严重肺部感染时使用了大量抗生素的情况，所以您在停用抗生素后几周，便出现了抗生素相关性腹泻。"

杨大爷恍然大悟："哦哦，原来是这样。我之前得了肺炎就是因为感染了超级细菌，用了好多种抗生素才康复的。可是，程大夫，我还是不太明白，为啥抗生素用得多了还会得抗生素相关性腹泻呢？"

程人夫解释道："要知道，有大量微生物寄居在人体的胃肠道，构成了庞大而复杂的微生态系统，不同种类的肠道菌群之间相互协同和拮抗，形成动态平衡，构成了肠道黏膜的生物屏障并维持肠道的正常功能。长期使用抗生素便打破了肠道微生态系统的平衡，某些外来细菌、条件致病菌和耐药共生菌成为优势菌群，这就是引起腹泻的主要原因。"

杨大爷听得出了冷汗，问道："程大夫，我这情况没事吧。"

程大夫听了笑道："没事儿，杨大爷，您这是轻型抗生素相关性腹泻，停止使用抗生素再过几天就

粪菌移植，就是从健康人的粪便中提取功能性菌群，然后移植到患者的肠道内，通过重建患者新的肠道菌群，以治疗患者的肠内外疾病。有关粪菌移植最早的记录源自东晋时期葛洪在《肘后备急方》中记载有用人粪便绞汁取上清液来治疗食物中毒以及严重腹泻，取得比较好的效果。西方是在1958年美国一位外科医生用粪菌移植的方法治疗伪膜性肠炎也取得比较好的疗效。现在的粪菌移植，已经是借助现代化的实验室仪器，把健康人粪便深度洗涤后，再将其中的菌群进行高度纯化分离，然后移植到患者肠道内，这样更易被患者接受。

好啦！但是老年人是发生抗生素相关性腹泻的高危人群，切不可大意！也有不少重症患者出现了显著的肠胃功能下降并伴有艰难梭菌感染，肠道细菌移位极易发展成脓毒症。到那时，只能通过粪菌移植（见上页'小贴士'）恢复肠道正常菌群结构了。"

杨大爷稍稍松了口气："哎哟，这抗生素还真是把双刃剑，可不能乱用啊！谢谢您，程大夫！"

# 糖尿病足：微生物是帮凶

## 生活实例

老董性格开朗，能吃能喝，2021年6月退休。最近在一次去医院看病后上厕所小便的时候，被旁边的医生发现小便泡沫特别多，提醒他去医院检查一下，结果确诊为2型糖尿病。医生建议他吃降糖药，戒烟戒酒，并严格控制饮食。老董并没有把医生的嘱咐放在心上，只吃降糖药，但是烟酒照旧，继续大吃大喝。没过多久，老董便老是觉得眼前有黑影，诊断为糖尿病引起的眼葡萄膜炎。这让老董有点害怕，开始少抽烟少喝酒了。但是情况刚刚好转后，老董又恢复了抽烟、大吃大喝的生活。又过了两年，老董的右脚大脚趾出现了一个溃疡，慢慢地溃疡越来越大，直到整个大脚趾发黑，被诊断为糖尿病足。由于就诊不及时，老董的右脚大脚趾被截掉了一半，严重影响日常生活。

## 糖尿病足的危害不容小觑

第七次全国人口普查数据显示，2020年我国60岁及以上的老年人口占总人口的18.7%（2.604亿），其中约30%的老年人是糖尿病患者，这些患者中95%以上患的是2型糖尿病。糖尿病通常伴有多种并发症，其中导致老董截肢的糖尿病足最让糖尿病患者恐惧。老年人糖尿病足多是由于长期的血糖控制不佳，下肢神经和血管受到损伤后，继而出现足部感染、溃疡和（或）深层组织破坏。

### 细菌感染是帮凶

细菌感染是导致糖尿病患者足部溃疡愈合不良、截肢的直接原因之一，也是糖尿病足患者住院治疗的首要原因。40% ～ 80% 的糖尿病足患者足部溃疡会伴有不同程度的细菌感染，其中 20% 的患者是深达骨组织的严重感染，最终会危及生命。

小　贴　士

预防糖尿病足最重要的就是控制血糖，通过健康的生活方式和药物治疗全面控制血糖和代谢异常。

要选择舒适的鞋和袜子，保持足部透气、干燥，预防脚癣。

注意每天自我检查双脚，一旦足部出现损伤，及早就医，切忌自行应用刺激性消毒液（如碘酒等）清洁伤口。

此外，还需注意个人卫生，尤其是足部卫生和鞋袜的卫生。

糖尿病足的根源在于高血糖，但是其发展和恶化与细菌感染紧密相连。糖尿病足绝大多数开始于足部的损伤，长期不进行治疗后，细菌开始从伤口侵入组织。细菌享受着组织内高糖的供养，繁殖迅速、扩张肆虐，足溃疡和感染也愈来愈严重。

糖尿病足部溃疡多由两种或两种以上细菌混合感染。葡萄球菌和链球菌是最常见的致病菌，混合感染中最初是革兰阳性球菌占主导，但是随着感染的加剧，厌氧菌和革兰阴性菌会逐渐增加。

## 糖尿病足治疗要趁早

糖尿病足溃疡共分6级，从最先开始的只有危险因素存在而无真正溃疡的0级，到最终整个脚部感染出现坏疽的5级病情逐渐加重。

糖尿病患者需要时刻注意身体上的变化，发现问题要及时去正规医院进行治疗，同时在日常生活中要严格控制血糖，及时对破损皮肤进行消毒。

# 侵袭性曲霉病是什么病

## 生活实例

小区门口，张大妈正好碰上了行色匆匆的李大妈，两人撞个满怀，李大妈手里提着的保温桶也差点打翻。张大妈问："老李啊，你这急匆匆地干啥去啊？手里还提着个保温桶？"李大妈回应道："哎，可别提了，我家那口子又进医院了，这不是去给他送饭嘛！"张大妈赶紧问道："老李头是怎么了？咋去医院了？"李大妈叹了口气："我家老头一直肺不太好，平常又不爱锻炼身体，免疫力就很低。前段时间一直咳嗽，就去医院看医生，竟然是得了侵袭性曲霉病，这不医生就让他赶紧住院了！不说了，我赶紧送饭去了！"张大妈听得一头雾水，什么是侵袭性曲霉病？这不就是之前介绍的病原微生物里的真菌吗？感染了真菌怎么会这么严重？

　　说到侵袭性曲霉病，的确是真菌感染所致。曲霉是广泛存在于自然界的真菌，属于常见的条件致病性真菌，广泛分布于自然界，水、土壤、空气、发霉的食物、衣服等均是曲霉易生存的场所。它们对生长环境的要求不高，能在 6 ～ 55℃以及相对低湿度的环境中生长。曲霉能产生大量的孢子，并可通过空气传播进行大范围的扩散。孢子进入机体后，可以在呼吸系统寄生、定植，进而播散到全身的多个器官，比如眼、皮肤、胃肠道、神经系统等。

　　近年来，曲霉感染的病例逐渐增加，而侵袭性曲霉病的发病原因之一就是患者免疫力低下，合并严重的基础疾病或者存在严重免疫抑制。当人体的免疫力下降的时候，在面临真菌威胁时就可能会引起侵袭性真菌病。因此，由于疾病或服用药物造成免疫抑制，或者自身是恶性肿瘤患者，容易因为粒细胞缺乏而发生曲霉感染。因此，曲霉感染，属于机会致病菌感染。

　　由于曲霉感染缺少特异性表现，所以不易被发现。曲霉感染会导致不同类型的疾病，其中侵袭性肺曲霉病的危害最严重，患者会出现干咳、咯血、胸痛、发热、呼吸困难。近期研究发现，肺曲霉病在没有明显免疫缺陷的人群中也可能会有所增加，比如 ICU 患者、有创机械通气患者，以及患有肺纤维化、支气管扩张等呼吸道疾病或基础病的患者。另外，严重的呼吸道病毒感染，包括流感病毒、新冠病毒感染等，也会损害肺上皮细胞，为曲霉定植提供了入口。

那针对免疫力低下或者有基础疾病的老年人，应如何预防侵袭性曲霉病呢？首先，曲霉是一种条件致病菌，对于免疫力正常的健康人来说，是不致病的。所以，经常锻炼身体，提高免疫力，是最经济实用的预防措施。另外，曲霉可经空气与水传播，要注意时常开窗通风，远离可能会接触到曲霉的物品，如发霉的水果、谷物、衣服，必要时可佩戴口罩。

## 幽门螺杆菌：潜在的病原菌

### 生活实例

李婆婆非常疼爱她的小孙女，她时常把菜入

口试温度或者直接嚼烂后再喂给小孙女。渐渐地，家里人发现李婆婆和小孙女没吃多少东西就饱了，还容易打嗝。起初大家只当作是天气太热导致的食欲不振，后来她们又出现了口臭、反酸、嗳气、胃痛和晨起恶心的症状。于是家人赶紧带着李婆婆和小孙女到医院，经过一系列检查，最终诊断是二人感染了幽门螺杆菌。医生介绍说："幽门螺杆菌这种细菌就寄生在胃里，细菌携带者口对口喂食，就极其容易传染。"这种菌极具传染性，轻则导致口臭、胃炎，重则会诱发胃溃疡甚至癌症。幸好发现及时，经过 2 个月的治疗，李婆婆和小孙女都恢复了健康。在我国，幽门螺杆菌感染率为 60% 左右。那么，什么是幽门螺杆菌？如何避免家庭内交叉感染？

幽门螺杆菌是一种对生长条件要求十分苛刻的革兰阴性菌。1983 年，幽门螺杆菌首次从慢性活动性胃炎患者的胃黏膜活检组织中分离出来。作为细菌发展史上最成功的病原体，幽门螺杆菌凭借极强的耐酸性，成为极少数可以在胃里生存的常驻细菌。在中国，幽门螺杆菌感染率为 58% ~ 64%。也就是说，我国至少有 8 亿人感染幽门螺杆菌。其中，不同地区的老年人幽门螺杆菌感染率为 32% ~ 87%，老年人暴露于幽门螺杆菌感染环境中的累积时间长，胃癌发生率高，多系统慢性疾病合并存在的情况也较为普遍。

## 幽门螺杆菌感染的危害及症状

幽门螺杆菌感染是目前最明确的胃癌发生危险因素之一，全球超过 85% 的胃癌都归因于幽门螺杆菌感染。2017 年 10 月，世界卫生组织国际癌症研究机构公布的致癌物清单中，已将幽门螺杆菌（感染）列在一类致癌物清单中。同年，世界卫生组织公布了12种急需新型抗生素的"超级细菌"，幽门螺杆菌也在其中。

虽然幽门螺杆菌感染被视为胃癌的主要病因之一，但多达85%的受感染者表现为无症状，仅有10%左右的感染者发生消化性溃疡，1%～2%的感染者发生胃癌，< 1%的感染者发生胃黏膜相关淋巴组织淋巴瘤。幽门螺杆菌感染的常见症状包括：胃疼、恶心、腹胀、打嗝、食欲不振、呕吐、口臭等，尤其在两餐之间或者清晨胃彻底排空时疼痛加剧。

### 幽门螺杆菌的传染途径

幽门螺杆菌主要通过口-口、粪-口和水源途径传播。幽门螺杆菌感染存在明显的家庭聚集现象。被感染的家庭成员是潜在的传染源，具有持续传播的可能性。最新研究发现，亚洲人共用饭碗、筷子和菜盘的习惯使得家庭成员极易发生幽门螺杆菌的交叉感染。特别需要引起注意的是，儿童是幽门螺杆菌的易感人群，对婴幼儿进行口试奶嘴温度、口嚼食物喂食、共用餐具等，都可能导致幽门螺杆菌在家庭内互相传播。

## 幽门螺杆菌的对症治疗

四联疗法是当前幽门螺杆菌感染最常见的治疗手段。其用药方法是将胃酸抑制剂、胃黏膜保护剂和两种抗生素联合起来，多管齐下。治疗一般为 14 天，中间如果没有药物过敏等特殊原因不能中断治疗，经过一段时间治疗后必须进行复查，检查胃内幽门螺杆菌是否还存在，直到检查不到。

## 如何避免幽门螺杆菌交叉感染

饭前便后要洗手：这是杜绝幽门螺杆菌传播的最好方式。洗手一定要遵循正确的方式，将手彻底洗净，防止病从口入。

实施分餐：这里说的分餐，不是一定要像外国人那样，或者吃食堂那样，一人一盘子饭菜来吃，而是夹菜使用公筷，碗筷专人专用。如果家里有幽门螺杆菌感染患者，要给他准备专门的碗筷。这样的做法，都可以有效地减少幽门螺杆菌的交叉感染。

戒除不良的喂食习惯：有的父母为表达对小孩子的亲近喜爱之意，有时会嘴对嘴地"亲亲"。甚至有些老人在给婴幼儿喂食时，喜欢先把食物嚼碎了再喂给孩子，或在喂食前先尝一口试试温度，有些家长还会跟孩子用同一套餐具吃饭。这些不良习惯很可能将大人口腔内、肠胃里的幽门螺杆菌传染给孩子。对于这样既不健康，也不卫生的饮食习惯，应该尽量改进或杜绝。

注意饮食健康：不要喝生水，特别是野外的生水。少吃或不吃太烫的东西，特别是火锅、烧烤，避开酒、咖啡或辛辣食物，它们会刺激胃黏膜，降低其抵抗力，从而为幽门螺杆菌的入侵创造条件。

# 40

# 疟原虫的克星——青蒿素

## 生活实例

"屠呦呦研究发现并研制疟疾特效药——青蒿素，拯救了全球几百万疟疾患者的生命……"电视上正在报道着屠呦呦发明青蒿素并获得诺贝尔生理学或医学奖的新闻，与赵大爷一起看新闻的

孙女朵朵问道："爷爷，什么是疟疾啊？"赵大爷
感叹道："疟疾就是'打摆子'，在我小时候，村
里很多人都得了这个病，得了这个病的人一会儿
全身冷得发抖；一会儿又发高热，脸通红。那时
候遇上这种病，就是天王老子来了，也都没辙啊！
后来咱们国家的屠呦呦研究员提取出了青蒿素，
真是造福众生啊！"

　　说起疟疾，这可是困扰中国，甚至全球几百年的
大问题啊！疟疾俗称"瘴气病""瘴疠""打摆子"等，
是一种历史悠久的疾病，可经蚊叮咬或输入带疟原虫
的血液而感染疟原虫的虫媒传染病。1949 年 10 月以
前，在我国约 4.5 亿人口中受疟疾威胁的人口在 3.5
亿以上，每年至少有 3 000 万例疟疾患者，其中 30 多
万因疟疾死亡。

　　迄今疟疾在全球范围内的流行仍很严重，世界人
口约有 40% 生活在疟疾流行区域。疟疾仍是非洲大陆
上最严重的疾病，约有 5 亿人口生活在疟疾流行区，
全球每年约有 1 亿人有疟疾临床症状，其中 90% 的患
者在非洲大陆，每年死于疟疾的人数超过 200 万。

　　疟疾的临床表现可分为四期：潜伏期（疟原虫

感染人体至发病），发冷期（畏寒、全身发抖、寒战不止），发热期（冷感消失后，体温迅速上升、可达40℃以上、高热难耐），出汗期（高热过后，大汗淋漓、体温降低、进入间歇期），如此四期，循环往复。总的来说，疟疾发病的典型症状是发热、发冷、出汗等，多次发作可伴脾肿大和贫血，病情严重时可出现昏迷、惊厥、多脏器功能衰竭等。对恶性疟疾患者，如不能及时诊断和救治，常危及生命。

关于疟疾的治疗，最初在1820年，人们从南美洲的一种名为"金鸡纳树"的树皮中提取到了生物碱奎宁，这是人类对抗疟疾的一个里程碑式的发现。然

小 贴 士

疟疾在我国甚至全球都曾是令人闻风丧胆的恶性传染病，但在我国科学家研制的抗疟特效药——青蒿素的作用下，疟疾已经成为历史！2021年6月30日，世卫组织宣布中国获得了无疟疾认证。

而好景不长，在人类抗击疟疾的同时，恶性疟疾也发起了更猛烈的反击，这种王牌抗疟药变得不起作用了，有效率降低到仅20%。

在这时，屠呦呦团队翻遍古籍、试验筛选上百种中药、历经数百次失败并进行自身人体试验后，终于研制出对抗疟疾的特效药——青蒿素。经过反复的临床试验，专家认定青蒿素是可以有效抗疟的特效药，能够完全治愈恶性疟疾且安全无毒；青蒿素治疗疟疾的速度是氯喹等传统抗疟药难以企及的。

在中国疟疾防控专家的努力下，青蒿素的发现不仅为我们自己的国家交上了完美的抗疟答卷（见上页"小贴士"），也与世界其他正在和疟疾抗争的国家分享着成功的经验！

2022年9月16日，在国家卫生健康委召开的发布会上有专家指出，我国仍存在着输入性疟疾病例引起当地流行的风险。这个风险主要是我国目前输入性疟疾病例比较多，疟疾防治工作仍任重而道远。

# 肆虐全球的新冠病毒

## 生活实例

"哎呀，我要出门了！"王大爷说着便要搬着小板凳下楼。正要出门，老伴赵大妈提醒道："你口罩呢？出门要戴口罩啊！"王大爷不以为意地说道："天这么热，我不愿意戴那玩意儿，憋死了！"赵大妈立刻反驳说："天再热，出门也要戴口罩！现在新冠病毒传播这么迅速，你不戴口罩就是将自己置身于危险之中啊！"新冠病毒威力公众有所见识，传播迅速，危害重大。这里再一起解答一下它为什么会这么"凶猛"。

首先，介绍一下什么是"病毒"。

病毒是一种非细胞生命形态，主要由核酸和蛋白质组成，自身不具备代谢能力，需要依靠宿主细胞的代谢系统完成增殖。也就是说，病毒就是一个蛋白质外壳裹着一段遗传物质。蛋白质外壳起到支撑作用并帮助病毒找到宿主细胞；找到宿主细胞后，遗传物质便发挥作用，利用宿主细胞中的"物资"和"生产线"，根据自身携带的遗传信息，生产病毒的"后代"。

那什么是"冠状病毒"呢？

冠状病毒是一种呈球形或椭球形、外壳上存在棘突，形似日冕的病毒，因其形态为"冠状"而得名，我们所接触到的新型冠状病毒（简称新冠病毒）则是一种全新发现的冠状病毒，其具备冠状病毒基本特征，与其他冠状病毒的区别主要在于基因序列和外壳蛋白结构。

新冠病毒对于人类机体的影响是多系统、多方面的。

新冠病毒表面蛋白棘突可以结合在支气管上皮细胞和肺泡上皮细胞上，并引发炎症反应导致严重肺炎。同时，新冠肺炎病毒表面蛋白棘突还可以结合在心肌细胞上，引发心肌细胞凋亡或坏死，引发多种并发症，如电解质紊乱和弥散性血管内凝血。另外，新冠病毒对肾脏也有影响，部分感染新冠病毒患者会伴有急性肾损伤和急性肾小管坏死，导致出现蛋白尿和血尿。有研究发现，新冠病毒还会攻击肝脏胆管上皮细胞，导致胆管细胞死亡并损害其运输胆汁的功能。

新型冠状病毒在全球流行，并且出现多种流行变异株，病毒与人体细胞的结合能力增高，增强了病毒的传播力，其防控难度增大。因此，面对这些变异株，面对其强大的传播能力，我们不能小觑。

老年朋友们要遵守当地防控规定，出行时做好自身防护，就能免遭新冠病毒侵袭，从而维护自己和他人的健康，为有效防控新冠病毒做出自己的贡献！

新冠病毒传染性强、免疫逃逸明显等特征增加了疫情防控的难度。面对新冠病毒，我们不能束手就擒，不能躺平。积极接种疫苗、佩戴口罩、注意社交距离，有症状及时隔离和就诊，这些都是疫情防控的关键措施。老年朋友们尤其要注意遵守，不能马虎大意！

# 积极接种疫苗预防传染病

## 生活实例

在居委干部的不停劝导下,刘大爷赶紧预约了接种疫苗,并说道:"这人老了啊,免疫力降低了。我年轻的时候,成年累月地都不感冒一次,吃药打针更是掰着手指头都能数得过来!你看看现在,无论哪次流感,我都会中招!"听到这,钱大爷连连点头:"谁说不是啊!前一段时间我就得了个什么带状疱疹!给我疼得啊,医生说,这病就是和免疫力、抵抗力下降有关。医生明确告诉我,老年人可以通过接种疫苗来预防某些疾病。这不,我已经接种带状疱疹疫苗了,求个安心。"

大家都知道,随着年龄的增长,老年人的免疫力与抵抗力均有不同程度下降,各类医疗机构都提倡老年人尽早接种疫苗来主动预防常见感染性疾病,以降低感染性疾病及其相关并发症的发生风险，减缓慢性病进程，降低死亡风险。

疫苗是将合适的病原微生物（如细菌、立克次体、病毒等）及其代谢产物，经过人工减毒、灭活或利用转基因等方法制成的用于预防相关传染病的自动免疫制剂。疫苗保留了病原体刺激动物体免疫系统的特性，当动物体接触到这种不具伤害力的病原体后，免疫系统便会产生一定的保护物质，如免疫激素、活性生理物质、特殊抗体等；当动物再次接触到这种病原体时，动物体内的免疫系统便会依循其原有的记忆，制造更多的保护物质来阻止病原体的伤害。

对于疫苗，大家更加熟悉的是小朋友通过疫苗接种预防多种儿童传染性疾病，我国卓有成效的儿童免疫预防接种工作取得了巨大成就，使得许多严重危害儿童生命健康的传染病得到了有效的预防和控制。但是不能忽视的一点是，老年人群是免疫力下降、抵抗力降低、罹患感染性疾病风险高的高危群体，而且老年人常伴有高血压、糖尿病等若干基础疾病，所以一旦罹患感染性疾病往往病情都会比较严重，死亡风险也较高。因此，也应将老年人作为主动预防保护的重点人群，倡导和鼓励老年人积极接种疫苗来预防感染性疾病。

  2022 年 3 月，中国疾病预防控制中心、中华预防医学会等多家单位联合发布《我国老年人健康防护倡议》明确指出，老年人应当增强疫苗接种预防疾病意识，要积极响应国家号召接种新冠肺炎疫苗；要主动接种流感疫苗、肺炎链球菌疫苗和带状疱疹疫苗；要给家庭猫狗等宠物接种狂犬病疫苗，发生抓咬伤时要及时注射狂犬病疫苗。为什么要这样强调呢？

  首先，流感多呈季节性流行，在北方地区，冬春季节是高发季节。流感患者和阴性感染者是流感的主要传染源，流感病毒主要通过飞沫传播，也可经过口腔、鼻腔、眼睛等黏膜直接或者间接传播。老年人在罹患流感后，如果救治不及时导致病情延误，容易引发肺炎和其他疾病。所以专家建议，60岁以上的老年人接种流感疫苗，尤其是在流感的高发季前。

另外，社区获得性肺炎是老年人常见的感染性疾病之一，而肺炎链球菌就是社区获得性肺炎的常见病原微生物之一。除此之外，肺炎链球菌还可以引起菌血症、脑膜炎等，严重威胁着老年人的健康。来自国外的监测和调查数据显示，肺炎特别是链球菌感染引起的肺炎，65岁以上老人的罹患率可达（24～85）/10万人年，老年人感染链球菌肺炎后病死率达20%～40%。

还有中老年人常见的带状疱疹。带状疱疹是由初次感染后潜伏在脊髓后根神经节或颅内神经内的水痘－带状疱疹病毒再激发引起的常见感染性疾病，主要通过飞沫和接触传播。带状疱疹的发病诱因是人体抵抗力降低或长期患有各种慢性病，带状疱疹病程较长，疼痛给患者带来很大的身体痛苦和精神伤害，严重影响生活质量，建议中老年人群接种带状疱疹疫苗进行预防。

小 贴 士

通俗地说，疫苗就是经减毒、灭活及基因工程技术制成的用于预防相关感染性疾病的特定病原微生物。利用这些病原微生物研发的疫苗，在预防各种感染性疾病方面成效巨大。

疫苗一般分为两类：预防性疫苗和治疗性疫苗。预防性疫苗主要用于疾病的预防，接受者为健康个体或新生儿；治疗性疫苗主要用于患病的个体，接受者为患者。

疫苗根据技术路线，又可分为减毒活疫苗、灭活疫苗、抗毒素、亚单位疫苗（含多肽疫苗）、载体疫苗、核酸疫苗等。

上海科学技术出版社曾于2021年4月出版《疫苗是什么》（主编：孙晓东）一书，对疫苗的方方面面作了详细介绍，感兴趣的朋友可找来阅读参考。